NATIONAL GEOGRAPHIC

美国国家地理

植食恐龙
防御力排行榜

刘大灰 著

天地出版社 | TIANDI PRESS

图书在版编目(CIP)数据

植食恐龙防御力排行榜 / 刘大灰著. -- 成都 : 天地出版社, 2024.1
（美国国家地理）
ISBN 978-7-5455-8003-7

Ⅰ.①植… Ⅱ.①刘… Ⅲ.①恐龙—青少年读物
Ⅳ.①Q915.864-49

中国国家版本馆CIP数据核字(2023)第205406号

MEIGUO GUOJIA DILI　ZHISHI KONGLONG FANGYULI PAIHANGBANG

美国国家地理　植食恐龙防御力排行榜

出 品 人	陈小雨　杨　政	责任编辑	何熙楠
作 者	刘大灰	责任校对	杨金原
审 订	邢立达	美术设计	曾小璐　岳菲菲
监 制	陈 德	营销编辑	李 昂
策划编辑	凌朝阳	责任印制	刘 元

出版发行	天地出版社
	（成都市锦江区三色路238号　邮政编码：610023）
	（北京市方庄芳群园3区3号　邮政编码：100078）
网 址	http://www.tiandiph.com
电子邮箱	tianditg@163.com
经 销	新华文轩出版传媒股份有限公司

印 刷	北京雅图新世纪印刷科技有限公司
版 次	2024年1月第1版
印 次	2024年1月第1次印刷
开 本	889mm×1194mm 1/16
印 张	7.5
字 数	110千字
定 价	78.00元
书 号	ISBN 978-7-5455-8003-7

版权所有◆违者必究
咨询电话：（028）86361282（总编室）
购书热线：（010）67693207（营销中心）

如有印装错误，请与本社联系调换。

让我们披着游戏的外衣

首先必须声明，这是一套科普书。它介绍了很多关于恐龙的有趣知识，比如：霸王龙跑得真有电影里那么快吗、恐龙是冷血动物还是恒温动物、恐龙到底是不是鸟类的祖先、恐龙如何呼吸、巨龙如何下蛋、巨龙脖子那么长有什么用，以及化石战争、大陆漂移、生物大灭绝等知识。它同时也是一套关于游戏的好玩儿的书，因为将恐龙的战斗力和防御力做一个排行榜，这一点本身就很好玩儿、很游戏化。

不同的恐龙生活在不同时期、不同大陆，就像关公无法战秦琼、岳飞无缘打张飞一样，大多数恐龙没机会碰面；即使身处同一时期、同一大陆，有过碰面甚至交手的机会，但由于它们早已消失在岁月的长河中，我们无法得知当时的场面与结局，除非你偶然得到一部时光机，可以穿梭到亿万年前，躲在草丛中瑟瑟旁观。

我们对于恐龙的了解，只能依据化石进行推测；所有恐龙的体重、身长、站高、咬合力、速度等数据，乃至生活习性等都只是推测，甚至不同年代、不同学者对同一具化石的推测都不一致。本排行榜又是建立在这些推测之上的，简称推测之推测，我们只能选取其中认可度比较高的数据进行综合比较，制作出这个排行榜，排名顺序当然不可能十分准确，纯粹为了好玩儿，大家不必太当真。

本套书分两册，分别介绍了 54 种肉食恐龙和 54 种植食恐龙，从最凶的到最萌的，从最大的到最小的，从最早的到最晚的，从最能跑的到最能咬的，从会游泳的到会滑翔的，从吃巨龙的到吃小虫的，从有甲的到有角的，基本概括了目前所发现的主要肉食恐龙和植食恐龙种类。当然，由于数量限制，也会有一些遗漏，比如可能是杂食的著名的窃蛋龙、泥潭龙、镰刀龙和恐手龙等就没有收录进来。

目录

01 阿根廷龙   7
02 阿拉摩龙   9
03 波塞东龙   10
04 无畏巨龙   13
05 长颈巨龙   15
06 腕龙   17
07 潮汐巨龙   19
08 马门溪龙   21
09 三角龙   22

10 甲龙   25
11 梁龙   27
12 重龙   28
13 山东龙   31
14 雷龙   33
15 后凹尾龙   34
16 剑龙   37
17 埃德蒙顿龙   39
18 拉佩托龙   41

19 棘刺龙   42
20 钉盾龙   44
21 副栉龙   47
22 阿马加龙   49
23 鸭嘴龙   51
24 禽龙   53
25 慈母龙   55
26 板龙   57
27 盔龙   59

28 埃德蒙顿甲龙　　61

29 戟龙　　63

30 沱江龙　　64

31 尖角龙　　66

32 五角龙　　69

33 蜀龙　　71

34 盘足龙　　73

35 美甲龙　　74

36 刺甲龙　　76

37 绘龙　　78

38 豪勇龙　　81

39 青岛龙　　83

40 禄丰龙　　85

41 钉状龙　　86

42 北方盾龙　　88

43 华丽角龙　　90

44 鼠龙　　93

45 大椎龙　　95

46 南极甲龙　　97

47 欧罗巴龙　　99

48 肿头龙　　101

49 奇异龙　　102

50 原角龙　　105

51 掘奔龙　　106

52 棱齿龙　　108

53 鹦鹉嘴龙　　111

54 槽齿龙　　113

恐龙档案

中文名：阿根廷龙

拉丁名：*Argentinosaurus*

分类：蜥臀目、蜥脚形亚目、巨龙类、阿根廷龙属

模式种：乌因库尔阿根廷龙

时期：白垩纪

地区：阿根廷

身长：35 米

体重：90 吨

防御力：100 分

01 阿根廷龙

可能是由于自身在天地间过于渺小，人们对于大的事物有一种特别的痴迷。很多电影也以巨兽为主角：金刚、哥斯拉、霸王龙……

跟这些巨兽相比，现实中地球上最大的陆地动物——非洲象简直不值一提，尽管最大的大象体重也达到了13.5吨。

谁叫它是现实中存在的呢。人们对于触手可及的现实往往不屑一顾。

相对而言，蓝鲸带给人的感觉更加震撼，因为它生活在海洋之中，难得一见。当然，它也更大。最大的蓝鲸体重达到了180吨，是目前地球上最大的动物。

自从恐龙化石被发现，人们开始意识到地球上曾经存在过一种体形庞大的神秘动物之后，很多人开始猜想：是否有一种恐龙的体形比蓝鲸的更庞大？

随着巨型恐龙化石陆续被挖掘，人们发现似乎有这种可能：

超龙，最大估算体重为180吨；

双腔龙，最大估算体重为220吨；

最令人惊讶的是巨体龙，豪放派的专家估算其最大体重高达309吨。

不过，随着研究的深入，这些估算最终并不为学界所认可。有的是根据新的化石和研究发现过去的数据被夸大了；有的是因为化石消失不见了只剩下一些素描，不具备参考价值。

目前相对认可度比较高的观点是：巨龙类中化石相对较为丰富的阿根廷龙是有史以来地球上最大的陆地动物，它的脊椎骨就高达1.59米，胫骨长达1.55米。来自牛津大学的古生物学家曾经对426种恐龙的体重进行了估算，阿根廷龙排在首位，约为90吨。不如蓝鲸。

但这么一个相当于20多头成年非洲象（平均体重4-5吨）的庞然大物在陆地上行走，绝对惊天动地。对于肉食恐龙来说，这种庞然大物本身就是一种震慑。它的四肢、它的尾巴看上去似乎都平平无奇，但若被它的四肢踢到，或被它的尾巴扫到，再强悍的肉食恐龙恐怕也非死即伤。

正如在非洲大草原上再彪悍的狮群也不敢对成年大象下手一样，再凶残的马普龙恐怕也不敢有猎食阿根廷龙的念头，最多也就偷袭一下阿根廷龙里的"老幼病残"。

恐龙档案

中文名：阿拉摩龙
拉丁名：*Alamosaurus*
分类：蜥臀目、蜥脚形亚目、萨尔塔龙科、阿拉摩龙属
模式种：圣胡安阿拉摩龙
时期：白垩纪晚期
地区：北美洲
身长：30 米
体重：80 吨
防御力：98 分

02 阿拉摩龙

阿拉摩龙是整个恐龙时代最后的巨龙。在它生存的年代和地区，最可怕的生物是霸王龙。但霸王龙面对阿拉摩龙恐怕也只能望洋兴叹：它实在是太巨大了。

很难想象阿拉摩龙和阿根廷龙这样的庞然大物靠吃树叶就能长到八九十吨，它们每天要吃多少植物？它们又是如何进行消化吸收的？

据推测，成年阿拉摩龙每天需要吃接近一吨重的食物，大致相当于体重的 1%。

大型蜥脚类恐龙牙齿数量不多，且只有切割功能，不具备咀嚼功能。也就是说，它们将叶子用牙齿咬下来以后，不经咀嚼，直接吞到肚子里去。然后有可能采用后肠发酵的方式进行消化和吸收。

后肠发酵就是食物在胃和小肠里只经过简单的消化和吸收，形成食糜进入大肠，在微生物的作用下发酵分解，肠壁吸收养分，残渣排出体外。大象就是这样。

后肠发酵的特点就是吃得快拉得快、吃得多拉得多，很多食物的消化并不充分。这使得大象每天要花 16 个小时以上的时间吃东西。那么，阿拉摩龙每天用于吃东西的时间恐怕比大象更长，因为跟它巨大的身躯相比，它的头是那么小，嘴也是那么小。

后肠发酵需要很多种微生物的作用。新生动物的肠道内并没有这些微生物。因此，恐龙宝宝出生以后，很可能要通过吃妈妈的粪便的方式来获得微生物，就像大象宝宝那样。

后肠发酵还会在肠道内产生大量以甲烷为主的气体，最终以放屁的形式排放到空气中。成年大象每天大约要排出 3400 升气体（成年人每天大约 1 升），所以很多人管大象叫"屁精"。

可以想见，体形相当于 20 头非洲象的阿拉摩龙每天得放多少屁。简单估算一下，每天的放屁量在 6 万升左右，几乎相当于一个小城镇所有人的放屁量……这才是名副其实的"屁王之王"。假如有一天你穿越到恐龙时代，千万别走在阿拉摩龙这样的巨龙后面，万一不小心和它的屁股遭遇了，务必戴上防毒面具。

甲烷是一种易燃气体，是沼气的主要成分，可以用作燃料。据估算，如果将大象每天放的屁转化为电能，可以使一辆小轿车行驶 30 千米。我们或许也可以想办法将阿拉摩龙放的屁收集起来，用管道输送到学校食堂去生火，用恐龙屁炒的菜味道一定很特别。

03 波塞东龙

最初，人们只发现了 4 节波塞东龙颈椎化石，但古生物学家却推测它身高有 17 米，大约相当于 6 层楼高，也相当于长颈鹿的 3 倍高，是已知最高的恐龙。

这听上去有点儿匪夷所思。什么？这都可以？那我有 4 道选择题蒙对了，是不是就可以推测这次期末考试我数学考了满分？

由于恐龙早已灭绝，恐龙生前究竟什么样，谁也无法完全复原。人们只能根据化石以及相关生物学知识进行大胆假设，小心求证。

同样，由于时代久远，人们也很难得到完整的恐龙骨架。即使发现过一些相对完整的恐龙化石，其体形也相对较小。像波塞东龙这样的巨龙类化石完整度能超过 30% 的极为罕见，绝大多数都是一些零星却巨大的骨骼。如双腔龙只有一个不完整的神经弓（后来还遗失了）；巨体龙只发现了一些四肢的零星

恐龙档案

中文名：波塞东龙
拉丁名：*Sauroposeidon*
分类：蜥臀目、蜥脚形亚目、巨龙形类、波塞东龙属
模式种：完美波塞东龙
时期：白垩纪早期
地区：美国
身长：34 米
体重：60 吨
防御力：94 分

骨头（后来也下落不明）。

只根据这些极为局部的化石，古生物学家是如何确定恐龙体形的呢？

首先专家会根据骨骼的特征进行判断，看它更接近于以前发现过的哪种恐龙。然后参考特征相近的其他恐龙的身体其他部位的化石，根据彼此骨头大小的比例，逐渐推测出这条恐龙的全貌特征。

比如古生物学家就是用波塞东龙的4 节颈椎跟相对完整的长颈巨龙标本进行对比，从而得出其体形的一组参考数据。而如果参照梁龙或者腕龙，可能又会得出另外的数据。随着新的化石被发掘，或者新的研究的推进，这些数据有可能

不断被修正，使之更趋合理。这也是为什么不同时期同一种恐龙的体形数据甚至分类都会发生变化的原因。

20 世纪八九十年代，在美国得克萨斯州帕拉克西河流域，人们挖掘出数十块脊椎、上颌骨和四肢化石，它们被命名为帕拉克西龙。2012 年的一项研究认为，帕拉克西龙就是波塞东龙。这些新发现对修正波塞东龙的数据起到了很好的作用。

波塞东龙有柱子一样的四肢，很长的尾巴，很长的脖子，且能将头高高举起。

波塞冬是希腊神话中的海神，这个名字还有一个意思是"使大地震动者"，波塞东龙正是一种能令大地震动的巨龙。

恐龙档案

中文名：无畏巨龙
拉丁名：*Dreadnoughtus*
分类：蜥臀目、蜥脚形亚目、巨龙类、无畏巨龙属
模式种：施氏无畏巨龙
时期：白垩纪晚期
地区：阿根廷
身长：26 米
体重：49 吨
防御力：92 分

04 无畏巨龙

2005 年，美国古生物学家肯尼斯·拉科瓦拉在阿根廷巴塔哥尼亚的荒野中发现了巨大的恐龙遗骸，他的团队工作了整整 4 个夏天才把化石挖出来。此地交通不便，他们动用了骡子才把化石运出去。随后，骡子转货车，货车转轮船，轮船又转货车，化石被运到美国进行复原研究。

他们费尽千辛万苦得到的化石，最后却不能拥有它。研究结束之后的恐龙化石回到了故国，永久保存在阿根廷。

在度过了最初带有哄抢性质的无序和混乱之后，这已经成为业界的通行做法。比如美国团队在埃及发现的潮汐巨龙，目前也陈列于埃及地质博物馆。

大部分国家都禁止走私贩卖化石。

一个美国商人走私特暴龙化石不仅被判入狱 3 个月，特暴龙化石也被返还给它的出土地蒙古国。美国海关曾多次将查获的恐龙蛋化石、剑齿虎化石、鹦鹉嘴龙化石返还给中国。我国也曾通过外交途径追回被偷运到海外将近 30 年的恐龙蛋窝化石，但还有大量标本未被追回。

拉科瓦拉团队用光学扫描，建立标本 3D 模型，从而可以更全面更方便地进行研究。化石保存非常完好，骨骼几乎没有变形，是目前完整度最高的巨龙类化石。

研究发现这一个体并未完全成年，估算体重就已达到 49 吨。难以想象成年之后将会长到多大。拉科瓦拉于是将这种胸围非常大、前肢比后肢略长的恐龙命名为无畏巨龙，他认为拥有如此庞大的身躯，面对任何肉食恐龙都是无所畏惧的。同时也是为了纪念阿根廷在 20 世纪前期委托美国船厂建造的两艘无畏舰。

恐龙档案

中文名：长颈巨龙
拉丁名：*Giraffatitan*
分类：蜥臀目、蜥脚形亚目、腕龙科、长颈巨龙属
模式种：布氏长颈巨龙
时期：侏罗纪晚期
地区：非洲
身长：26 米
体重：48 吨
防御力：91 分

05 长颈巨龙

多年以来，长颈巨龙都被当作腕龙的一个种，那时候它还叫布氏腕龙；多年以来，它都被认为是世界上最重的恐龙（当时推测它的体重有 78 吨）；多年以来，它在柏林自然历史博物馆的骨架模型都是全世界最高最大的。

就这样，它为腕龙赢得了极高的知名度。人们对于腕龙的认识，绝大多数来自布氏腕龙。包括电影《侏罗纪公园》中的那只巨龙，其原型也是布氏腕龙。

2009 年一项极为详细的研究却认为，虽然长颈巨龙和腕龙的形态都有点儿类似长颈鹿，但在其他很多方面它们有显著不同，因此长颈巨龙是一个独立的物种，并不属于腕龙属。

为腕龙赢得了全世界的关注，最后自己却根本不是腕龙。什么叫"事了拂衣去，深藏功与名"？这就是。

长颈巨龙得到最多关注的是它的鼻子。人们一度以为像它这样的巨龙鼻孔是长在头顶上的，而且是长在靠近后脑勺的地方。因为当时古生物学家认为像它们这种庞然大物必定无法在陆地上生存，多半是一种水生或半

水生动物，它们要通过头顶的鼻孔来进行呼吸。

后来的研究认为，巨龙的这种体形并不适合在水中生存，水压将使它们难以呼吸，四肢也无法游泳。在水中行走远比在陆地上费劲，因此它们只适合在陆地上生活。专家推测它们的肉质鼻孔应该像大多数哺乳动物那样位于口腔上方。

又有专家提出一种假设：这些巨龙整天举着它们的小头吃树叶是不是有点费劲儿，它们是否长着大象那样长长的鼻子，以帮助它们钩住高处的树枝摄食呢？

大象的长鼻子能做出种种高难度的动作，是因为它的头部有着发达的颜面神经，可以控制象鼻的肌肉组织。

基于这个思路，专家对一些巨龙的头骨化石进行了研究，结果发现梁龙和圆顶龙等头部的颜面神经孔很小，拥有长鼻子的可能性不大。但是长颈巨龙的颜面神经孔很大，不排除它可能像大象那样，也长着一根长长的鼻子。

恐龙档案

中文名：腕龙
拉丁名：*Brachiosaurus*
分类：蜥臀目、蜥脚形亚目、腕龙
科、腕龙属
模式种：高胸腕龙
时期：侏罗纪晚期
地区：北美洲
身长：22 米
体重：46 吨
防御力：90 分

06 腕龙

和其他蜥脚类巨龙一样，腕龙也是小小的头、长长的脖子、巨大的躯干。但和其他巨龙最不一样的是，腕龙的前肢要比后肢更长更粗壮，也没有那么长的尾巴。它的身形更类似现代的长颈鹿。

腕龙的椎骨和肋骨上发现了一些孔洞，古生物学家推测这是气腔，类似于现代鸟类的身体结构。

和我们人类不一样，鸟类的呼吸系统十分独特。鸟的体内存在气囊组织，一般有多达9个气囊，这些气囊一端通过支气管与肺相连，另一端延伸到肌肉和骨头里，在骨头上形成许多孔洞，这就是气腔。气腔里往往有气囊延伸出来的气袋，可以储存气体。

当鸟吸气时，新鲜空气被吸进来后，一部分在肺里进行空气交换，另一部分则直接进入气囊；当鸟呼气时，气囊受到压缩，里面的气体经过肺排出体外，此时再次在肺里进行气体交换。这样，鸟类不管是吸气还是呼气，都能进行气体交换。这就是鸟类的双重呼吸。

双重呼吸保证了鸟类在空气稀薄的高空飞行时对氧气的需要，同时还能把剧烈运动产生的热量及时排出体外。

此外，科学家发现鳄鱼也存在双重呼吸现象。

鳄鱼和恐龙拥有共同的祖先，而恐龙又被认为是现代鸟类的祖先，随着恐龙骨骼上气腔的发现，古生物学家推测在这些巨龙体内可能也存在像鸟类一样的气囊组织，甚至也有可能进行双重呼吸。一方面可以确保巨大的躯体对于氧气的需要，另一方面骨骼气腔化以及气囊的存在，可以大大减轻身体的负担。

2013年在非洲突尼斯发现的汉氏塔塔乌纳龙（Tataouinea hannibalis）是一种大型蜥脚类恐龙，它的骨骼高度气腔化，甚至它的坐骨上也发现了气腔，这些化石证据强烈支持腹部气囊的存在。

2016年，科学家以腕龙为例重建了蜥脚类恐龙气囊系统。在大型蜥脚类恐龙体内存在一个类似于鸟类的呼吸系统这一点上，科学界已经达成了共识。

恐龙档案

中文名：潮汐巨龙
拉丁名：*Paralititan*
分类：蜥臀目、蜥脚形亚目、巨龙类、潮汐巨龙属
模式种：斯氏潮汐巨龙
时期：白垩纪晚期
地区：非洲
身长：27 米
体重：30 吨
防御力：86 分

07 潮汐巨龙

德国古生物学家恩斯特·斯特莫是世界上最重要的恐龙学者之一，他曾经发现并命名了三种著名的大型肉食恐龙：棘龙、鲨齿龙、巴哈利亚龙。他还发现了体形中等的蜥脚类恐龙——埃及龙。

希特勒发动了人类有史以来规模最大的一场战争——第二次世界大战。这场战争给全球带来了毁灭性的打击，夺走了7000万人的生命，10多亿人流离失所。发动战争的德国自身也遭受了巨大损失。作为德国的一员，斯特莫也未能幸免。他的三个儿子被迫入伍，其中两个儿子在前线战死，第三个儿子被苏联军队俘虏，直到斯特莫去世之前两年才被释放。

不仅失去了亲人，斯特莫一生中最主要的成就——那些冒着酷暑在撒哈拉沙漠挖出来的恐龙化石也毁于一旦。由于保存化石的博物馆位于纳粹总部所在城市慕尼黑，它在战争期间遭到了盟军的无差别轰炸，化石全部被毁。

这些在仁慈的地母的怀里安然度过了亿万年的化石们，估计做梦也想不到（如果可以的话），它们没有毁于小行星撞地球，没有毁于地震和火山爆发，没有毁于沧海变成大沙漠，没有毁于蛮族间的争斗，却在重见天日之后毁于文明社会的炮火。

一万个不幸之中的一点小小幸运是，作风严谨的斯特莫留下了详细准确的记录和素描，从而可以供后人对这些再次逝去的古生物继续进行研究和探索。

2000年，在斯特莫发现埃及龙地点的附近，美国探险团队发现了另一种大型蜥脚类恐龙化石。它的一根肱骨（上臂骨）就长达1.69米，仅次于南方巨像龙（Notocolossus）的1.76米。它的化石被保存在红树林化石组成的沉积物中。这是第一种被证实栖息在红树林的恐龙。这一发现表明这里以前曾经是一片海滩——现在它却是撒哈拉大沙漠的一部分。

为了纪念斯特莫，这种恐龙被命名为斯氏潮汐巨龙。

恐龙档案

中文名：马门溪龙
拉丁名：*Mamenchisaurus*
分类：蜥臀目、蜥脚形亚目、马门溪龙科、马门溪龙属
模式种：建设马门溪龙
时期：侏罗纪晚期
地区：中国
身长：25 米
体重：25 吨
防御力：84 分

08 马门溪龙

头小颈长身躯大，尾巴长得更可怕。
身长约有十三米，体重更是不成话。
亿万年前湖沼内，横行可算一时雄。
北起瀚漠南长江，西起新疆到山东。
湖内植物供食料，偶尔岸边逞威风。
全球亦有其近属，唯我独尊到处同。
正因发展太离奇，环境一变运惨凄。
可怜灭身与灭种，成为化石机会稀。
一朝掘出供研究，生物演化说来历。
始信祖国真伟大，一条古龙装墙壁。
代表发展一阶段，供君来此仔细看。
更应努力再钻研，还有奇物待发现。

这首《马门溪龙颂》是我国著名古生物学家杨钟健先生所写（关于杨先生的详细介绍见本书禄丰龙一节）。1952年，人们在四川宜宾马鸣溪渡口附近的一个工地上发现了巨大的恐龙化石。杨钟健先生将其命名为马门溪龙。

你可能会问，明明是在马鸣溪发现的，为什么叫马门溪龙？这是因为杨钟健是陕西人，他把四川话里的"马鸣溪"听成了"马门溪"。

在那个年代，像马门溪龙这种巨龙还被认为是水生动物，所以诗中有"亿万年前湖沼内，横行可算一时雄""湖内植物供食料，偶尔岸边逞威风"这样的句子。直到20世纪70年代以后，蜥脚类巨龙是陆生动物的观点才成为共识。

后来的岁月里，古生物学家陆续在四川、云南、甘肃、新疆等地发现了马门溪龙的化石，从少年到成年各个阶段的个体都有。

马门溪龙的四肢几乎一样长，脖子占了整个身长的一半，按比例计算是目前发现的脖子最长的恐龙。

和梁龙的脖子基本保持水平、腕龙和长颈巨龙的脖子以60度角向上不一样，马门溪龙的脖子被认为是与地面大致保持30度角向前向上伸出。

09 三角龙

美国古生物学家奥赛内尔·马什第一次见到三角龙化石的时候，以为这是一种古代的哺乳动物，将其命名为长角北美野牛。他一直坚持这种看法，直到见到第三具完整的头骨化石之后，才意识到这是一种恐龙，遂将其命名为三角龙。

三角龙是最著名的植食恐龙，它是体形最大的角龙科恐龙，身体非常强壮，长着鹦鹉喙一样的嘴巴，眼睛上方有一对长达1米的尖角，鼻子上方也有一个短角，头上有巨大的颈盾。

有大量的三角龙化石被发现，说明它们是一个非常成功的物种。这些化石里有许多头骨化石，而很多恐龙的头骨化石很少保存下来，这充分证明三角龙的头有多"铁"。

三角龙还有两个亲戚：双角龙和牛角龙。

双角龙只发现了一个头骨化石，除了没有鼻角之外，其他特征跟三角龙都非常近似。因此有人认为，双角龙其实就是三角龙，它的鼻角是在形成化石的过程中遗失了。

而牛角龙头上也有三个角，也有颈

恐龙档案

中文名：三角龙
拉丁名：*Triceratops*
分类：鸟臀目、角龙亚目、角龙科、三角龙属
模式种：皱褶三角龙
时期：白垩纪晚期
地区：北美洲
身长：9米
体重：9吨
防御力：83分

盾，种种特征跟三角龙都很接近，唯一的区别是：牛角龙的颈盾更大，而且有两个大的孔洞，而三角龙的颈盾是实心的。

有古生物学家研究了大量三角龙的化石，发现在青年三角龙化石中，大约有一半的颈盾在牛角龙孔洞的位置都变得很薄，他怀疑当这些三角龙成年以后，这些变薄的位置将会形成孔洞，而颈盾也会长大。因此，他认为牛角龙可能是雌性或雄性的成年三角龙。而另一方面的证据是，牛角龙从未发现过未成年个体的化石。

三角龙和霸王龙并存于北美洲，人们常常会比较二者的战斗力，猜测它们之间的胜负。曾经在一个三角龙化石的骨盆上发现过霸王龙的牙印，但无法判断是霸王龙咬死了这只三角龙，还是它在食用一只已经死去的三角龙尸体。在另外一具三角龙的头骨上也发现了霸王龙的牙印，不过伤口已经愈合，说明霸王龙虽然咬伤了这只三角龙，但并没能将对方猎杀，很可能自己也被对方的额角刺伤或被对方用脚踢伤。

美国蒙大拿州出土的"决斗恐龙"化石显示一只矮暴龙和一只角龙科的恐龙同归于尽，矮暴龙大约2吨，它的对手体形应该略大。矮暴龙是霸王龙的近亲或未成年个体，而该角龙科恐龙是三角龙的近亲。如果简单拿这场战斗来做比对，霸王龙面对和它体形相当的成年且健康的三角龙，恐怕也不敢贸然出手。

恐龙档案

中文名：甲龙

拉丁名：*Ankylosaurus*

分类：鸟臀目、甲龙亚目、甲龙科、甲龙属

模式种：大腹甲龙

时期：白垩纪晚期

地区：北美洲

身长：8 米

体重：8 吨

防御力：82 分

10 甲龙

甲龙科包括了很多种恐龙，它们的共同特征是背部及尾巴上都覆盖着装甲并有尖刺。除了一些最原始的甲龙科恐龙之外，多数都有尾锤。

这里介绍的甲龙专指最早被命名为甲龙的那种恐龙，它是甲龙科体形最大的物种。它用四足行走，后肢比前肢长，身体扁平而宽，站高很矮，方便遇到危险时将身体收缩贴近地面。这是因为它除了腹部以外，全身都覆盖着厚厚的骨板，可以将自己保护起来。此外它还有一个巨型尾锤。它的尾巴上有骨质肌腱，可以确保迅速有力地挥动尾锤进行自卫。

甲龙是最后的恐龙之一，它的体形和尾锤比其他甲龙科恐龙的都要大，这是因为它面对的对手最为强大。无论谁面对霸王龙这样的敌人，都必须有一两手过硬的本事才能保全性命。

甲龙是由美国古生物学家巴纳姆·布朗于1908年发现并命名的。布朗也是霸王龙化石的发现者。恐龙界最锐利的矛和最坚固的盾都是他发现的，这是一个美国版本的自相矛盾的故事。

布朗是最出色的化石猎人之一。他属于狂放派，会先用炸药炸开化石上面的岩石，然后进行发掘。这是当时常用的一种手段，有效，但破坏性也巨大。

布朗曾经受美国自然历史博物馆的派遣，前往加拿大挖掘恐龙化石，而当时著名的化石猎人斯滕伯格家族则正在为加拿大政府效力，双方为此展开了竞争。和化石战争中的马什和柯普充满敌意的竞争不一样，布朗和斯滕伯格家族之间的竞争是友好而带有游戏意味的。

布朗的妻子曾经写了一部回忆录，名叫《我嫁给了一头恐龙》，记录了她和丈夫的探险经历。其中记录了他们1923年的缅甸之行，在孟拱，他们发现了当时最古老的类人猿化石。

后来，古生物学家在非洲发现了更古老的类人猿化石，在相当长的时间内，人类都被认为起源于非洲。但法国古生物学家受巴纳姆·布朗的启发，来到缅甸寻找化石，于1997年发现了迄今最古老的类人猿化石——生活在3700万年前的邦塘巴黑尼亚猿，从而提出了人类起源于亚洲的观点。

恐龙档案

中文名：梁龙

拉丁名：*Diplodocus*

分类：蜥臀目、蜥脚形亚目、梁龙科、梁龙属

模式种：长梁龙

时期：侏罗纪晚期

地区：北美洲

身长：29米

体重：23吨

防御力：81分

11 梁龙

梁龙身材修长，整个身体从头到尾大致是水平的。它有一条特别长的尾巴，尾椎数量多达80节，几乎是其他巨龙的两倍。尾巴中部有人字骨，使它可将尾巴作为支撑。

梁龙的脖子无法高高举起，但它能站立。当想吃高处树叶的时候，它会像袋鼠那样将尾巴撑在地上，抬起前肢，这样头就能够到目标了。而此时脖子和身体依然能保持直线状态，不会给脖子造成负担。

跟其他巨龙相比，除了这条尾巴，梁龙好像也并没有特别突出的地方，但它却是世界上最著名的恐龙之一，堪称恐龙界的流量明星。

这一切都得归功于一个人。

这个人就是从童工一步步奋斗成为世界著名钢铁大王和慈善家的卡内基。卡内基在生前几乎捐出了自己的全部财富，他的名言是：一个人死的时候如果拥有巨额财富，那就是一种耻辱。

1898年，卡内基出资组织了一次大型探险活动，这次活动的结果是发现了相当完整的梁龙化石。为了向他致敬，这种恐龙被命名为卡氏梁龙，至今仍是最完整的梁龙化石标本。卡内基将骨架做了很多复制品，赠送给了全球很多博物馆。德国有一份杂志曾经写了一首小诗记录当时的情景：

即使是一位非常年长的先生

仍被迫扮演流浪者

他被称为梁龙

属于众多化石之一

卡内基先生快乐地将其打包

装进巨大的木箱

并将其作为礼物

送给几位君主

由于化石最完整、被展示的骨架又最多，梁龙作为流量明星的身份就被成功打造出来了。

12 重龙

当它还只有6节尾椎被挖出来的时候，"化石战争"的主角之一马什就迫不及待地将其命名为重龙。这大概已经预示了重龙日后被草率对待的命运。

先后得到卡内基和犹他大学资助的厄尔·道格拉斯先是挖到了4节巨大的颈椎——每节长度都在1米以上，后来被证明属于重龙。

他后来又挖到了一具几乎完整的重龙化石，但这具化石却一分为三，分别被送到了三个地方：犹他大学、华盛顿国立自然历史博物馆、卡内基自然历史博物馆。直到6年后霸王龙的发现者巴纳姆·布朗才将这三批化石运到美国自然历史博物馆，这条身首异处的重龙才得以重新合一。

道格拉斯挖掘出来的另一具部分完整的重龙化石最初放置在卡内基自然历史博物馆，后来卖给了加拿大的皇家安大略博物馆。但是被买回去之后，这具化石就被遗忘在储藏室，直到45年之后才被拿出来重新研究。又有另外的古生

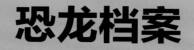

恐龙档案

中文名：重龙
拉丁名：*Barosaurus*
分类：蜥臀目、蜥脚形亚目、梁龙科、重龙属
模式种：缓步重龙
时期：侏罗纪晚期
地区：北美洲
身长：26 米
体重：20 吨
防御力：80 分

物学家经过研究发现，这具重龙和道格拉斯最初挖出来的那 4 节巨大颈椎，根本就是来自同一个体。

重龙是梁龙的最近亲，体形接近，只是重龙的尾巴比梁龙的略短，脖子比梁龙的略长。

到这里我们重点探讨一下蜥脚类巨龙的脖子为什么这么长？

首先，当然是摄食的需要，它们需要尽可能够得着高处和尽量远处的树叶。

其次，也是最重要的一点，由于它们行动迟缓，几乎任何有点战斗力的肉食恐龙都能威胁到它们的生存。尽管它们柱子一样的四肢、鞭子一样的尾巴都能对敌人造成致命威胁，但如果它们的脖子不够长、身高不够高，很容易被凶猛的敌人咬住脖子或者头颅，一击致命。

因此，拥有一个长脖子，高高举在空中，既可以及时发现危险，敌人又够不着。无法一击致命，敌人就不敢轻易发动进攻。

这里延伸到另外一个问题：巨龙如何睡觉？是像亚洲象那样侧躺而睡，还是像非洲象那样站着睡觉？

有研究者认为，这些巨龙很可能是无定时活跃性的动物，即全天都维持活跃状态，只在疲累时以站立的姿势进行短暂休息。

这是因为面对恐怖的敌人，如果大大方方躺下或者趴着睡觉的话，恐怕不会有再次醒来的时候。

恐龙档案

中文名：山东龙

拉丁名：*Shantungosaurus*

分类：鸟臀目、鸟脚亚目、鸭嘴龙科、山东龙属

模式种：巨型山东龙

时期：白垩纪晚期

地区：中国山东

身长：16.6 米

体重：16 吨

防御力：78 分

13 山东龙

山东龙是体形最大的鸭嘴龙科恐龙，也是蜥脚类巨龙之外最大的，超过了所有肉食恐龙。

它和加拿大的埃德蒙顿龙是最近亲，二者有着许多相似的特征，比如同样巨大的体形、相同的身体构造等。它们有着共同的祖先，印证了北美大陆和亚洲大陆曾经连在一起，那时候它们的祖先可以在两个大陆之间随意溜达，那时候从山东去加拿大不用坐飞机也不用乘轮船，走着就能去。

有证据表明埃德蒙顿龙是群居动物，并且可能有长距离迁徙的习性。很可能它们的祖先也有迁徙觅食的需求，很可能祖先们在迁徙的过程中失散了，一部分留在中国，一部分留在了北美，然后两块大陆永久地分开了，这两支隔着大洋相望的恐龙群各自演化成各自地区最大的鸭嘴龙科恐龙，却终究保留了许多相同的特征，只是终它们一生，再也没能重逢。

和埃德蒙顿龙一样，山东龙那像鸭子一样的嘴部并没有牙齿，有点像《驯龙高手》里的无牙仔。但它们口腔的后部却密布着多达1500颗牙齿，可以细细地咀嚼食物。它们的这些牙齿不断地磨损脱落，而新的牙齿会不断地生长出来。每颗牙齿的汰换周期大约是一年，这说明它们的牙齿相当坚固。作为对比，梁龙超科的尼日尔龙嘴里有五六百颗牙齿，它的牙齿是每月一换。

很多恐龙需要像鸡那样吞下一些石子到胃里来帮助研磨食物，比如腕龙科的雪松龙、大椎龙科的大椎龙、角龙亚目的隐龙，它们的化石里都发现过胃石。曾经也有研究称在一个埃德蒙顿龙化石里发现过胃石，但后来的研究表明这是骨骼在化石形成过程中被冲进来的沙砾，跟埃德蒙顿龙无关。

的确，有着数量那么多的坚固牙齿，拥有那么强大的咀嚼功能，山东龙和埃德蒙顿龙的消化好得很，根本用不着胃石的帮助。

恐龙档案

中文名：雷龙
拉丁名：*Brontosaurus*
分类：蜥臀目、蜥脚形亚目、梁龙科、雷龙属
模式种：秀丽雷龙
时期：侏罗纪晚期
地区：美国
身长：22 米
体重：17 吨
防御力：77 分

14 雷龙

1877年，美国古生物学家马什发现了一种蜥脚类恐龙化石，他将其命名为迷惑龙。

两年后，他将另一具更大、更完整的恐龙化石命名为雷龙，这具化石只缺少头部、四肢和部分尾骨，其他部分相对完整。

雷龙被宣传为当时最大的恐龙，由于当时媒体和公众对史前巨物的狂热，雷龙很快成为最著名的恐龙之一。马什解释雷龙名字的意义是，当一群雷龙走过，它们的脚步声惊天动地，如同滚滚的雷声。

雷龙的骨架于马什去世之后的第六年重建成功，这是第一个蜥脚类巨龙的骨架。后来人们发现，这具骨架错误地采用了一个圆顶龙的头骨化石。

后来有学者提出，雷龙和迷惑龙其实是同一种恐龙。这一观点在相当长的时间内得到了学界的普遍认可。

根据国际动物命名法委员会的规则，同一种动物命名在先的名字具有永久优先权，这样一

来，雷龙就失去了作为正式名称的地位，而被归类于迷惑龙。

1989年，美国邮政管理局发行了一套恐龙邮票，其中就包括雷龙。当时很多学者对此提出批评，美国邮政管理局辩解称虽然科学界使用迷惑龙作为正式名称，但一般大众显然对雷龙更熟悉。

2015年，来自葡萄牙和英国的研究团队经过对大量化石的重新研究，认为雷龙和迷惑龙存在许多差异，并非同一种动物。于是雷龙重新成为有效名称。

雷龙体形介于梁龙和腕龙之间，不如梁龙苗条，不如腕龙粗壮。它的脖子很长很粗，有一条细长的尾巴。1997年，有人进行了一项以雷龙或迷惑龙（当时仍认为是同种动物）尾巴为对象的电脑模拟实验。实验显示，雷龙挥动尾巴的时候，可以发出200分贝以上的巨响，堪比大炮。这大概是雷龙吓退敌人的一种方法。

15 后凹尾龙

后凹尾龙的化石是在蒙古国的戈壁滩上发现的，这是一个老年个体的化石，没有头和脖子，但其他部分几乎完整。大部分脊椎骨还连在一起，这可能是它被掩埋的时候，身上的软组织还没有腐烂，依然能将一把老骨头拢住不分开。它的身上有牙印，尤其是腰带骨和大腿骨上。化石仍然保持了背部倒地的奇特姿势，这和多数恐龙化石腹部或侧面贴地完全不一样。

那么，在这条后凹尾龙生命的最后时刻发生了什么？它是怎么死的？

似乎可以做出这样的猜测：

它已经老了。事实上，在它意识到自己的衰老之前，敌人早已看出了它的衰老。这大概就是人们常说的："最了解一个人的，往往是他的敌人。"

一条特暴龙盯上了它。通常，特暴龙不敢轻易打壮年后凹尾龙的主意，但偷袭老弱病残是它们的强项。特暴龙趁它在河边喝水的时候从背后发起了攻击，

恐龙档案

中文名：后凹尾龙
拉丁名：*Opisthocoelicaudia*
分类：蜥臀目、蜥脚形亚目、萨尔塔龙科、后凹尾龙属
模式种：斯氏后凹尾龙
时期：白垩纪晚期
地区：蒙古国
身长：13 米
体重：13 吨
防御力：74 分

咬住它的大腿，将它摔了一个四仰八叉。然后迅速咬断了它的咽喉，将脖子带头撕扯下来正准备大快朵颐，这时突然天降暴雨，洪水带来的泥沙将猎物的尸体迅速掩埋起来。几千万年过去，它的身体骨骼早已变成了化石，而它的头和脖子，以及那条给它致命一击的特暴龙早已消失在漫长的岁月里，不知所终。

后凹尾龙的化石是由波兰和蒙古国的联合考察团队在 1965 年的一次考察活动中发现的。在那次活动中，考察团队在同一地层发现了两具恐龙化石：其中一具标本没有头和脖子，其尾椎前凸后凹，命名为后凹尾龙；另一具标本只有头没有身子，命名为耐梅盖特龙。

听起来好像它们应该来自同一个体——但事实并非如此。它们只是发现于同一地层，但并非发现于同一地点，因此在它们来自不同个体这一点上历来毫无争议。不过，在它们是否为同一物种这个问题上长期以来却争论不休。

进入 21 世纪后，有古生物学家重新定位了当年挖出耐梅盖特龙头骨化石的地点，又挖出了后肢和尾椎化石。他们将这些化石与后凹尾龙的相同部位进行比较，发现它们非常相似，尤其是尾椎也呈后凹型。这至少说明二者即使不是同一物种，它们之间的亲缘关系也非常接近。

恐龙档案

中文名：剑龙
拉丁名：*Stegosaurus*
分类：鸟臀目、剑龙亚目、剑龙科、剑龙属
模式种：狭脸剑龙
时期：侏罗纪晚期
地区：美国、葡萄牙
身长：7.5 米
体重：5.3 吨
防御力：73 分

16 剑龙

有一位作家说过："一个人的名字也许会取错，但绰号绝对不会取错。"这句话在剑龙身上再一次得到了验证。

剑龙最特别之处在于它背上的十几块骨板和4根长长的尾刺。它的骨板并不是连接在脊椎骨上的，而是长在皮肤里，属于皮内成骨。美国古生物学家马什认为这些骨板是一块一块平铺在背上，就像铺满了瓦片的屋顶，于是他将其命名为"有屋顶的蜥蜴"。应该说马什的这种联想充满了"大头大头，下雨不愁；人家打伞，我有大头"的童趣。

后来连马什自己也意识到这些骨板不可能是平铺在背上的，但命名已经生效，没有办法再修改。如果直译成中文的话应该叫"屋顶龙"，我国的古生物界或翻译界的前辈没有选择直译，而是根据它的尾刺或骨板形状翻译为"剑龙"，相当于给它取了一个绰号，十分形象。

那么，这些骨板到底是怎么排列的呢？

马什后来认为骨板是呈一排直立状长在背上，这种观点很快也被推翻，普遍的观点是排成两排。但紧接着的问题是这两排是成对排列，还是交错排列？

有古生物学家认为不可一概而论，不同物种可能有不同排列方式。如狭脸剑龙有化石证据表明是交错排列；而蹄足剑龙至少发现了两个大小形状相同的骨板，说明它可能是成对排列的。中国发现的一些剑龙科物种大多被构建为成对排列。

骨板的作用到底是什么，一直是古生物学家探讨的重点。有人认为主要起防御作用，有人认为可以充血变红吓唬敌人，有人认为主要调节体温，还有人认为能吸收太阳能。现在似乎调节体温成为主流观点，但这个观点也遭到了不小的质疑，详见本书《钉状龙》一节。

剑龙尾刺的作用就十分明确了：用于战斗。它的尾刺长60厘米以上，古生物学家专门对剑龙的尾刺进行了研究，发现它们负伤率很高，说明确实被用于作战。人们在一具异特龙的尾椎上发现了刺穿伤，伤口跟剑龙的尾刺尺寸非常吻合，这充分证明了尾刺的巨大威力。

恐龙档案

中文名：埃德蒙顿龙

拉丁名：*Edmontosaurus*

分类：鸟臀目、鸟脚亚目、鸭嘴龙科、埃德蒙顿龙属

模式种：帝王埃德蒙顿龙

时期：白垩纪晚期

地区：加拿大

身长：13 米

体重：10 吨

防御力：72 分

17 埃德蒙顿龙

埃德蒙顿龙是体形最大的鸭嘴龙科恐龙之一，体形最重的达到 10 吨。

虽然体形如此庞大，但作为植食恐龙，它的一生，注定是危机四伏、不断遭到肉食恐龙攻击的一生。尤其是来自最残暴的霸王龙、最聪明的伤齿龙的威胁。那么，面对这些危险的攻击，埃德蒙顿龙生还的机会有多大呢？

有一条埃德蒙顿龙一脚踏空，摔了一跤，屁股重重砸在地上，左边屁股的一根骨头骨折了。它走路只能一瘸一拐，很多时候只能用四肢着地，从而减轻左后腿的受力。而我们知道，埃德蒙顿龙一般用四足行走，用二足奔跑，这就意味着它遇到危险，再也无法发足狂奔了。

埃德蒙顿龙是群居动物，受伤的龙混在群体之中有惊无险地过了一天又一天，骨折的地方渐渐愈合。

终于有一天，一只饥肠辘辘的霸王龙饥不择食，向龙群发起了攻击。龙群四散，各自奔逃，落下了受伤的那一个。霸王龙冲上去一口咬住了埃德蒙顿龙的尾巴。埃德蒙顿龙的尾巴粗壮有力，吃痛之下，死命挣脱，忍痛狂奔，很快就把霸王龙甩在后面。

我们知道，霸王龙的速度不快，最快也就 19.3 千米 / 时；而据研究，埃德蒙顿龙的速度最高能达到 45 千米 / 时。虽然受伤跑不出最快速度，但在求生本能的激发下跑过霸王龙那是一点问题都没有。总之，这只臀部骨折的埃德蒙顿龙再次成功逃过一劫。

以上情节不是瞎编的，而是专家根据化石标本做出的科学假设：一具埃德蒙顿龙化石标本的尾椎上有一个正在愈合的伤口，并有感染的迹象，显然是受到了来自后方的攻击，而这个伤口位于离地 2.9 米高处，显然只有大型肉食恐龙才能做到，同时代的大型肉食恐龙只有霸王龙；而它左边的臀部也有一个骨折伤口，但这个伤口已经痊愈，表明这个伤口的受伤时间要比尾巴上的早。显然霸王龙攻击了这只行动不便的埃德蒙顿龙，但没有成功，让对方逃脱了。不过伤口还是引发了感染，很可能导致了它的死亡。

人们在另一具埃德蒙顿龙化石标本的咽喉上也发现了小型肉食恐龙的牙印，应该是有伤齿龙之类的小型恐龙伏击了正在低头吃草的埃德蒙顿龙，当时也没有成功。但是不久后，这只埃德蒙顿龙也因为伤口感染而死。

恐龙档案

中文名：拉佩托龙

拉丁名：*Rapetosaurus*

分类：蜥臀目、蜥脚形亚目、巨龙类、拉佩托龙属

模式种：克氏拉佩托龙

时期：白垩纪晚期

地区：非洲

身长：16.5 米

体重：10.3 吨

防御力：70 分

18 拉佩托龙

在巨龙类里，拉佩托龙的化石链条应该是最完整的，既发现了成年个体的头骨和脊椎化石，也发现了几乎完整的青年个体化石——它的头部和身体仍连在一起，还发现了完整的幼体化石。

青年个体的体重跟一只非洲象差不多；成年个体的体形估计是青年个体的两倍。在巨龙类里，这就算小个子了。

拉佩托龙的幼体体重大约40千克，它死亡的时候只有39~77天，但是它已经具备成年拉佩托龙的身体形状。古生物学家认为，拉佩托龙可能一出生就会独立行走和进食。

但悲哀的是，化石证据显示，这条刚刚出生一两个月的小恐龙是活活饿死的。它可能死于干旱造成的食物匮乏。

当它死亡的时候，它的妈妈可能不在身边。它甚至可能都不知道它的妈妈是谁。

不同种类的恐龙如何下蛋、孵蛋、养育孩子区别很大。像慈母龙不仅会孵蛋，还会喂养孩子。而大型蜥脚类恐龙比如拉佩托龙可能不会喂养孩子，幼儿一出生就要自己觅食，从此它的一生都将危机四伏。

对于恐龙宝宝来说，危险并不是从出生才开始的。当它还是一颗蛋时，危险就已经开始。

下蛋对于植食恐龙来说也是一件很危险的事情。巨龙如何下蛋，还没有足够的证据。由于身材高大，不可能是站着下蛋，掉到地上会摔碎。纪录片《与恐龙共舞》认为梁龙有可能用产卵管下蛋。当然，更大的可能还是采取后肢下蹲的方式来下蛋，但这样有可能遭到肉食恐龙的攻击。

在阿根廷曾经发现了一个大面积的属于巨龙类的集体蛋巢，每个蛋巢里大概有25颗恐龙蛋，至少有几百只雌性恐龙在这里挖洞下蛋，然后用泥土和树枝覆盖在上面。这表明它们用集体行动的方式来消除威胁。

19 棘刺龙

乌尔里希·乔格是德国一家博物馆的馆长,也是一位生物学家;而艾格·桑默则是一家从事教育的公益机构负责人。2005年在非洲尼日尔考察的时候,他们在当地人的指引下发现了大型恐龙的骨骼化石,经过两三天的挖掘清理,完整的骨骼轮廓已经出现在眼前。但由于没有挖掘许可证,同时也缺乏专业的挖掘设备,他们将碎石掩盖在上面,做好标记,计划等一切准备妥当后再来挖掘。

第二年,尼日尔政府签发了他们的挖掘许可证,作为交换,他们需要在当地再建一所新学校。

第三年,他们终于拉到了赞助,解决了挖掘活动和建设新学校的经费。但当满怀期待的挖掘队伍到达目的地时,他们发现化石已经不翼而飞,只留下一个被人挖过的大坑,而且,可以看出挖掘手法相当专业。

他们不死心地在周围继续搜索,很

恐龙档案

中文名：棘刺龙
拉丁名：*Spinophorosaurus*
分类：蜥臀目、蜥脚形亚目、真蜥脚类、棘刺龙属
模式种：尼日尔棘刺龙
时期：侏罗纪中期
地区：非洲
身长：14 米
体重：7 吨
防御力：68 分

快在离这个大坑 15 米远处发现了另外一具恐龙的化石标本。他们雇用了 8 个当地人协助挖掘，但这 8 个大神在加盟之后的第一个晚上就用光了储存的所有淡水冲澡，导致第二天人们在 40 多摄氏度的高温下没水喝而晕倒……幸亏运送挖掘设备的卡车及时赶到。

团队用了两周的时间终于挖出了所有化石并包装好。在完工的那天，当地小镇的镇长才告诉他们，是他允许一个西班牙团队挖走了他们先前标记的化石标本……

这两具化石标本是同一种恐龙。当时他们认为它的尾巴上有尾刺，因此命名为棘刺龙，意思是"有棘刺的蜥蜴"。但后来证明这又是一个误会：那看上去像尾刺的骨骼，其实是放错了位置的锁骨。

德国团队和西班牙团队在研究上展开了合作。德国团队采用激光扫描将两具化石标本进行了 3D 数字化，经过数字修复和还原后，采用 3D 打印技术打印出了棘刺龙的骨架。这是第一具 3D 打印的蜥脚类恐龙骨架。

在结束研究后，这两具化石标本将被送回到尼日尔的博物馆保存。

棘刺龙的头很短，但尾巴和脖子都很长，且都强壮有力。3D 重建显示，它的脖子可以高高抬起，以类似长颈鹿的姿势摄食。

20 钉盾龙

美国一位名叫比尔·西普的核物理学家买下了美国蒙大拿州的一处牧场。他坚信此处一定有恐龙化石，先是请人勘察地形，5 年之后发现了一根恐龙腿骨化石。于是又聘请团队进行挖掘，还花几十万美元专门修了一条路，终于挖出来一具恐龙标本。后来，这具标本被命名为西氏钉盾龙，并被以 35 万美元的价格卖给了加拿大自然博物馆。

如果要给以上的挖掘算一笔经济账，显然是很不划算的。幸好人类的很多伟大事业和追求是不能简单用金钱来衡量的，否则我们将生活在精神的荒漠里。

钉盾龙是一种大型角龙科恐龙，两个额角长而鼻角短，鼻骨具有皱褶；颈盾很大，边沿有很多长短不一的尖角。

恐龙档案

中文名：钉盾龙
拉丁名：*Spiclypeus*
分类：鸟臀目、角龙亚目、角龙科、钉盾龙属
模式种：西氏钉盾龙
时期：白垩纪晚期
地区：美国
身长：6 米
体重：4 吨
防御力：67 分

　　长期以来，角龙科的尖角与颈盾有什么作用一直备受关注。最初人们认为它们最主要的作用是抵御肉食恐龙的攻击。现在主流的观点则认为主要用于族群内的打斗和作为求偶展示物而存在。

　　西普挖掘的这条钉盾龙一生过得非常凄惨。它的左前肢患有严重的关节炎，导致关节变形。这个慢性病显然折磨了它很长时间，影响了它的行动，削弱了它的战斗力。通过标本还发现它的颈盾被刺穿并发生了严重感染，其他部位也受了伤。很难判断它是怎么受到这些伤害的，很可能是族群内打斗的结果：另外一只钉盾龙顶撞了它，用额角制造了这些致命伤口。

　　它没有死于关节炎，没有因为关节炎导致的行动障碍而被肉食恐龙捕食，却极大可能死于同类之手。这就是蛮荒世界血淋淋的现实。

　　不过，既然钉盾龙的尖角能给同类造成如此致命的伤害，当它面对来自肉食恐龙的致命威胁时，没有道理不将尖角用于战斗。

恐龙档案

中文名：副栉龙
拉丁名：*Parasaurolophus*
分类：鸟臀目、鸟脚亚目、鸭嘴
龙科、副栉龙属
模式种：沃克氏副栉龙
时期：白垩纪晚期
地区：北美洲
身长：9 米
体重：5 吨
防御力：65 分

21 副栉龙

介绍副栉龙之前,先要提一下栉龙。栉龙的意思是头上有冠饰的龙,栉在中文里是梳子、篦子的意思,中文翻译者大概觉得它头上的冠饰像一把梳子,于是翻译为栉龙。而副栉龙的意思大体就是"跟栉龙比较接近""跟栉龙有点像"。

副栉龙最独特的就是它头上那件中空的冠饰,从鼻子一直延伸到后脑勺,最长的将近两米。与其说像一把梳子,不如说更像中国古代大臣们上朝时手里拿的那块弧形的笏板。

关于这玩意儿有什么作用,历来有很多猜测,有人认为大概相当于我们浮潜的时候嘴里叼着的那根换气管,这样在水中活动的时候不用老跑上来换气;有人认为可以储藏空气,类似氧气瓶,可以在水里多待一会儿;有人认为可以加强嗅觉功能;有人认为可以储藏盐分;还有人认为可以储藏化学腺体,遇到危险就可以喷射出来,类似于臭鼬或者臭大姐。

以上这些有趣而异想天开的假设基本上都被否定了。我们已经知道,副栉龙和其他鸭嘴龙科的恐龙一样并不是水生动物,而是陆地动物,那一套换气设备根本用不着。对鼻腔和冠饰的研究表明它也不具备嗅觉和储藏功能。

现在比较认可的猜测是:它可能是族群辨认或竞争的标志;也可能起到扬声器的作用,放大自己的叫声,有助于族群之内的呼应和吓唬敌人;另外可能具有调节体温的功能,可以冷却脑部的温度,这样当副栉龙脑子一热要打架的时候,就可以及时冷静下来,好好想一想自己刚才是不是太冲动啦。

副栉龙的最近亲是在中国黑龙江发现的卡戎龙,卡戎是希腊神话里的冥界摆渡者,负责将刚刚逝去的人的亡灵摆渡过冥河,所以卡戎龙又叫冥府渡神龙。

恐龙档案

中文名：阿马加龙
拉丁名：*Amargasaurus*
分类：蜥臀目、蜥脚形亚目、叉
龙科、阿马加龙属
模式种：卡氏阿马加龙
时期：白垩纪早期
地区：阿根廷
身长：13 米
体重：4 吨
防御力：63 分

22 阿马加龙

阿马加龙是阿根廷古生物学家何塞·波拿巴在"南美洲侏罗纪与白垩纪陆生脊椎动物"计划的第八次考察活动中发现的。在这次行动中，他还发现了著名的食肉牛龙化石。

阿马加龙是叉龙科的一员。叉龙科和梁龙科是近亲，都属于梁龙超科。二者的相同点是：尾巴都很长，背上都有刺。不同之处是：梁龙脖子长，叉龙脖子短；梁龙的刺是直的，叉龙的刺呈Y字形分叉。

阿马加龙的刺更加特别：它脖子上有双排高耸的长刺，向后上方生长，最长的刺有60厘米。这些刺看上去就比较吓人，可以起到震慑敌人的作用。在实际作战中有可能刺穿对方的身体。

在阿根廷发现了另一种叉龙科恐龙——巴哈达龙，它的脖子上也有高达58厘米的长刺。和阿马加龙不同的是，它的刺是向前上方生长的。

打架的时候巴哈达龙可能是直接向前冲，将刺扎向对方；而阿马加龙则是低头向前冲，然后猛抬头将刺扎入对方的身体。结果应该都是一样的：对方很疼。

叉龙科恐龙分布很广，在北美洲、南美洲、非洲、欧洲都有发现，相当长的时间里，唯独在东亚没有发现过。梁龙科同样如此。另一方面，东亚的一些物种如马门溪龙在其他大陆也不曾发现过。

这个独特的现象引起了学者们的注意，有人提出了"东亚隔离假说"：在中生代到新生代这段时间，现在哈萨克斯坦的图尔盖山谷一带曾经是一个海峡，将东亚与其他大陆隔离开来，导致东亚和其他大陆的物种各自演化，形成了不同的种群。

2004年，一位名叫马云的农人在宁夏灵武市的一个煤矿附近发现了几块骨骼化石，古生物学家研究证明是侏罗纪中期的恐龙化石，后来它被命名为神奇灵武龙。这是首次在东亚地区发现梁龙超科的化石，"东亚隔离假说"受到了颠覆性的挑战。

灵武龙被认为是最古老的叉龙科恐龙，而阿马加龙被认为是最后的叉龙科恐龙。二者之间隔着5000万年的岁月，隔着几万里山山海海，隔着厚厚的历史尘埃。

图为巴哈达龙

恐龙档案

中文名：鸭嘴龙

拉丁名：*Hadrosaurus*

分类：鸟臀目、鸟脚亚目、鸭嘴龙科、鸭嘴龙属

模式种：福氏鸭嘴龙

时期：白垩纪晚期

地区：北美洲

身长：8米

体重：4吨

防御力：62分

23 鸭嘴龙

看到鸭嘴龙那鸭子一样的嘴巴，人们下意识就会认为鸭嘴龙肯定会游泳，一首关于鸭嘴龙的小诗可能就会脱口而出：

鸭，鸭，鸭，
向天嘎嘎嘎。
巨龙浮绿水，
大脚划一划。

有人还找到了证据：在某个鸭嘴龙科的恐龙化石上发现了蹼状的手掌和脚掌，这完全跟鸭子一样嘛，所以肯定大部分时间生活在水中，或者至少也是在沼泽地生活。时至今日，依然有人这样认为。

鸭嘴龙是群居动物，成百上千地生活在一起。要是它们真的生活在沼泽地，以它们那几吨重的身体，去一趟沼泽地恐怕就能拍一部电影，名叫《无龙生还》。

事实上，鸭嘴龙是完全的陆地动物，所谓脚

掌和手掌上的蹼状物质其实是皮肤组织。

而且，它们并不像它们的名字显示的那么弱小，它们重达数吨，而且身材粗壮结实。在同等长度下，它们比大多数肉食恐龙更加强壮。

1999 年人们发现了一个非常完整的恐龙木乃伊化石，属于鸭嘴龙科的恐龙。古生物学家从波音飞机公司借来了一台全世界最大型的 CT 扫描仪对化石进行了扫描，发现鸭嘴龙科的肌肉远比人们过去认为的更健壮，而且每节脊椎骨之间存在类似椎间盘一样的东西，这说明它们身体很灵活，而且实际长度要比标本所显示的更长。

鸭嘴龙化石发现于 1858 年，它的骨架标本由英国雕塑家豪金斯制作完成，是全世界第一个恐龙骨架模型，日后很多恐龙模型的制作都以它为参考。鸭嘴龙也由此成为全世界最有影响力和最著名的恐龙之一。

鸭嘴龙出土于美国新泽西州，是新泽西官方评选的州恐龙。

恐龙档案

中文名：禽龙
拉丁名：*Iguanodon*
分类：鸟臀目、鸟脚亚目、禽龙类、
禽龙属
模式种：贝尼萨尔禽龙
时期：白垩纪早期
地区：欧洲
身长：11米
体重：4.5 吨
防御力：61 分

24 禽龙

吉迪恩·曼特尔本是英国一名乡村医生，却喜欢收集和研究化石。1822年，他和妻子发现了一种前所未见的大型史前动物牙齿化石。在了解到这些牙齿跟鬣蜥的相似性之后，他将其命名为"鬣蜥的牙齿"……

这个名字是如此写实，更像是描述而不是命名，但后来它还是成为一类恐龙的名称。我国古生物学家杨钟健在翻译成中文的时候，考虑到它那跟家禽类似的嘴部，于是更形象地翻译为"禽龙"。

禽龙化石是人类正式发现的第一种恐龙化石；禽龙是第二种被正式命名的恐龙（第一种是巨齿龙）。而第三种被正式命名的恐龙是林龙，它也是曼特尔发现并命名的。以上就是英国古生物学家理查德·欧文创造"恐龙"一词时恐龙总目下面仅有的三个属。由此可以看出曼特尔对于恐龙研究的开创性贡献。

但这一切并未给曼特尔带来幸运。相反，由于他倾尽家财用来收集化石与出版论文，荒废了他的医生主业，导致负债累累，面临生存危机的妻子带着4个孩子离他而去。曼特尔被迫卖掉大部分收藏品还债，搬到了伦敦，在那里他不小心从马车上摔下来，摔坏了脊椎，从此走路一瘸一拐并伴随着终身疼痛。

而理查德·欧文却趁机窃取他的学术成就与发现，并阻碍他的论文发表。贫病交加、心力交瘁的曼特尔于1852年结束了自己痛苦的一生。在他去世后，理查德·欧文还撰文称他"平庸"，并抹杀他发现禽龙的贡献。

曼特尔去世后，他最初发现的禽龙牙齿化石被人交给了他的儿子沃尔特。沃尔特已经移居新西兰，并曾担任新西兰土著居民事务部部长，他将化石捐赠给了新西兰博物馆。

而理查德·欧文的劣迹在他晚年时终于被揭露，英国皇家学会取消了他的会员资格。曼特尔的成就也终于为后人所铭记。

你可能会问，凭什么仅仅根据一颗牙齿化石，就断定是曼特尔发现了禽龙？这是因为在发现牙齿化石12年后，曼特尔又得到一具更完整的标本，他根据牙齿认出来这是禽龙化石。并据此重建了禽龙的骨骼模型，但他犯下了一个著名的错误：将禽龙的指爪安到了鼻子上方。数十年后，在比利时一次性挖出了至少138具禽龙个体化石。根据这些更完整的标本，人们才意识到那个指爪是长在前肢的拇指上的。

禽龙是一种用四足或二足行走，但只能用二足奔跑的恐龙，有像鸟喙一样的嘴部，有牙齿但数量远不如鸭嘴龙的多。它拇指上的利爪可以用来对付敌人或帮助进食。

恐龙档案

中文名：慈母龙
拉丁名：*Maiasaura*
分类：鸟臀目、鸟脚亚目、鸭嘴龙科、慈母龙属
模式种：皮氏慈母龙
时期：白垩纪晚期
地区：北美洲
身长：9米
体重：4吨
防御力：60分

25 慈母龙

杰克·霍纳是美国著名古生物学家，他曾担任《侏罗纪公园》系列电影的顾问，他最为大众熟知的成就是于1978年发现并命名了慈母龙。

当时在美国蒙大拿州发现了慈母龙的头骨化石、蛋化石以及胚胎和幼体化石，并且发现了它们的巢穴。从这一系列化石证据可以得知慈母龙是群居动物，它们集中筑巢、集中下蛋，每个巢穴中大概有三四十颗蛋，在化石发现地遍布着许许多多这样的巢穴。

下完蛋后，它们会将植物放到巢穴里，不仅起到掩盖和伪装的作用，还可以利用植物腐烂散发的热量对蛋进行孵化。这说明慈母龙并不需要像母鸡那样亲自孵蛋。

跟拉佩托龙的宝宝一出生就具备成年个体的模样且能独立行走和觅食不同，慈母龙宝宝出生以后，样子跟成年慈母龙并不一样，发育还不完全，不能行走。嘴里有牙齿，化石显示这些牙齿有磨损的迹象，这表明它们待在巢穴里哪儿也没去，但有东西吃，这东西只能是慈母龙妈妈或爸爸从外面带回来的。这些宝宝可能需要一年之后才能走出巢穴自己觅食。

这是第一次发现大型恐龙抚养宝宝的证据。之前一般的观点是，恐龙跟爬行动物繁衍后代的方式差不多，只负责下蛋，然后任其自生自灭，虽然成活率不高，但在下蛋方面以量取胜。

依然有很多疑问得不到解答。慈母龙是一对一对组建家庭的吗？它们是像企鹅父母那样共同抚养宝宝吗？它们能准确地认出自己的宝宝吗？又或者它们其实只有雌性才会抚养宝宝，而雄性负责外围的警戒？它们集中抚养宝宝的时候，肯定很容易就把巢穴周边的植物吃个精光，此时如何解决食物短缺的问题？是否也像企鹅那样，为了给宝宝找吃的，需要进行长途跋涉？当妈妈外出觅食遇到危险再也回不来，邻居阿姨会帮着照顾刚刚成为孤儿的宝宝吗？

无论如何，这些化石证据都改变了人们之前对于恐龙抚育后代问题的刻板印象。杰克·霍纳将其命名为"迈亚龙"，迈亚在希腊语里有"乳母"之意，是希腊神话里掌管哺育婴儿的神，她还是赫尔墨斯的母亲，杰克·霍纳用迈亚来代表好妈妈的意思。中文翻译成慈母龙是非常恰当的，尤其是对于雌性的慈母龙来说。唯一感到有点尴尬的也许是那些雄性的慈母龙，它们可能更愿意自己是慈父龙。

恐龙档案

中文名：板龙
拉丁名：*Plateosaurus*
分类：蜥臀目、蜥脚形亚目、板龙科、板龙属
模式种：恩氏板龙
时期：三叠纪晚期
地区：欧洲
身长：10 米
体重：4 吨
防御力：59 分

26 板龙

在恐龙界，板龙是一个很奇怪的存在，因为它那巨大的体形与它所处的时代太不合拍了。

它是三叠纪最大的陆生动物，也是地球上的第一种巨龙，最大体重估计达到4吨。这是恐龙刚刚登上历史舞台跑龙套的时代，它面临的对手是体重只有区区127千克的理理恩龙，这种碾压式的体形令人费解。莫非当时板龙面对的体形更大的肉食恐龙尚未被人类发现？或者主要威胁并非来自恐龙而是其他动物？

板龙是一种二足恐龙，是最早被命名的恐龙之一，它的化石在欧洲很常见。挪威北海斯诺尔油田的钻井工人甚至在海下2256米的岩层发现了板龙化石，这大概是迄今为止人类发现的世界上埋层最深的恐龙化石。

古生物学家曾经在欧洲发现了由数十个板龙完整个体组成的化石群，这意味着板龙可能是一种群居动物。在三叠纪，所有陆地都连在一起，地球上只有一个盘古大陆，当时的气候炎热干燥，内陆地区沙漠化严重。而发现化石的地点当时就处于内陆地区。很难说这群板龙是想穿越这片沙漠去寻找食物和水源，还是就在这一带苦苦求生。不管怎样，在如此艰苦的生存条件下，它们都把自己吃成了巨物。它们无疑拥有极其强大的适应环境的能力。

在三叠纪晚期的尾声阶段发生了生物大灭绝事件。在这次事件中，大多数爬行动物和大型两栖动物都灭绝了，唯独恐龙不仅存活下来，还在这次大灭绝之后迎来了爆炸式增长，迎来了长达1.4亿年独霸地球的恐龙时代。

这次大灭绝发生的原因众说纷纭。在三叠纪末期，盘古大陆开始分离，从而引发了剧烈的地震和火山爆发，比较普遍的观点认为由于火山爆发引发了温室效应导致全球升温，从而造成生物灭绝。而最近的观点则认为由于火山爆发产生的火山灰和气溶胶遮蔽了天日，导致气温降低，形成了长达数年或数十年的火山冬天，从而导致不能适应低温的动物灭绝。而一部分恐龙能够生存下来的原因是它们长有羽毛或者由于在极地生存早已适应了寒冷。

这个观点也存在一些漏洞。目前所发现的有羽毛的恐龙多数都在白垩纪，少数在侏罗纪，三叠纪尚未有发现。而且在三叠纪干燥炎热的气候条件下，似乎并没有靠羽毛御寒的必要。如果说极地恐龙因为适应寒冷气候，那在炎热干旱地区生活的板龙何以也度过了这次大灭绝（因为它的近亲们继续在各大洲开枝散叶）？此外，即使火山爆发之后形成了所谓的"火山冬天"，随后却必然开启温室效应导致全球持续升温，刚刚靠羽毛躲过寒冷的恐龙，又怎么可能再度躲过高温呢？

因此，不如将恐龙能够躲过这次生物大灭绝的原因归结于它们那强大的适应能力，正如板龙那样。

恐龙档案

中文名：盔龙
拉丁名：*Corythosaurus*
分类：鸟臀目、鸟脚亚目、鸭嘴龙科、盔龙属
模式种：食火鸡盔龙
时期：白垩纪晚期
地区：北美洲
身长：9 米
体重：3.8 吨
防御力：58 分

27 盔龙

盔龙也是鸭嘴龙科的恐龙，也有鸭子一样的嘴巴，嘴巴深处也有好几百颗牙齿。它有类似古希腊战士头盔一样的高耸头冠，它的鼻腔一直通到头冠。当它发声的时候，头冠有可能起到扬声器的作用，当所有盔龙一起发出叫声，嗷嗷作响，必定撼天震地，能吓退敌人的进攻，好似一万个喝断当阳桥的张飞。

科学界发现了超过 20 个盔龙头骨化石，他们将盔龙眼周的骨骼与现代鸟类和爬行动物进行比较，认为盔龙可能属于无定时活跃性的动物，也就是说，它白天黑夜都可能保持活动状态，只进行短暂的休息。

盔龙的第一具化石是由著名的化石猎人巴纳姆·布朗在加拿大艾伯塔省的红鹿河发现的，化石相当完整，只缺少前肢和部分尾椎，其余骨骼依然相连，还保留了大部分皮肤印痕。

不过，盔龙最完整的两具化石标本是由著名的化石猎人斯滕伯格家族发现的。1916 年，他们将在加拿大挖掘的化石装了整整 22 个大木箱通过圣殿山号轮船运往英国，准备送到英国自然历史博物馆进行研究，其中就包括这两具完整的盔龙化石。

圣殿山号是第二艘收到泰坦尼克号求救信号并第二个赶到事发海域的轮船，但由于它与泰坦尼克号之间隔的冰山太多影响了航行，当它在 9 个小时之后赶到时，救援已经结束，泰坦尼克号已经永沉海底，1514 人遇难。

除了斯滕伯格家族的 22 箱化石，圣殿山号轮船上还有 700 多匹加拿大远征军的战马，以及 6000 多吨小麦、苹果、鸡蛋等农产品。

圣殿山号在大西洋航行途中遭遇了德国的海鸥号。当时正是第一次世界大战期间，海鸥号是德国最成功的伪装袭击舰，经常在海上伪装成中立船只攻击敌对国的商船和战舰，总共击沉过 40 艘敌国舰船。海鸥号对圣殿山号发动了袭击，杀死部分船员、俘获剩余人员之后，用炸药将圣殿山号炸沉。

随同圣殿山号沉没的，有战马，有鸡蛋，有小麦，有苹果，还有那两具最完整的盔龙化石。

恐龙档案

中文名：埃德蒙顿甲龙
拉丁名：*Edmontonia*
分类：鸟臀目、甲龙亚目、结节龙科、埃德蒙顿甲龙属
模式种：长头埃德蒙顿甲龙
时期：白垩纪晚期
地区：加拿大
身长：6 米
体重：3 吨
防御力：56 分

28 埃德蒙顿甲龙

查尔斯·H.斯滕伯格10岁那年从谷仓上摔下来摔断了一条腿,落下了终身残疾,从此走路一瘸一拐。17岁那年遇到抢劫,身上仅有的5美元被抢,而且还被打破了头,昏迷了整整两周,等苏醒过来的时候,一只耳朵再也听不见。但就在大难不死的这一年,他已经决定了自己将要终身从事的职业:去崎岖偏远的荒原,做一名化石猎人。

他成为美国最具传奇色彩的化石猎人,不仅如此,他的三个儿子乔治·斯滕伯格、莫拉特姆·斯滕伯格、列维·斯滕伯格在他的影响下,也成为著名的化石猎人和古生物学家。

他们发现了大量的古生物化石,包括许多种著名的恐龙化石:五角龙、戟龙、厚鼻龙、棘面龙、倍甲龙、第一具恐龙木乃伊,以及本文介绍的埃德蒙顿甲龙等。

他们于1912年接受加拿大地质调查局的邀请,开始为加拿大政府发掘恐龙化石,硕果累累。有一位当代古生物学家说:"今天,如果不引用斯滕伯格的某一篇论文,就不可能对加拿大恐龙进行研究。"

三个儿子中的老大乔治·斯滕伯格最著名的发现是"鱼中鱼"化石,一条4米长的剑射鱼体内有一条1.8米长的腮腺鱼,显示剑射鱼在吞下腮腺鱼后不久就死了,可能是由于腮腺鱼挣扎弄伤了剑射鱼的内脏从而同归于尽。

乔治·斯滕伯格于1928年发现了埃德蒙顿甲龙化石,并由他的弟弟莫拉特姆·斯滕伯格命名。

埃德蒙顿甲龙是一种体形中等的四足恐龙,身体很宽阔,整个背部都覆盖着椭圆形的骨板,身体两侧有尖刺,尤其是肩膀上的两对尖刺最为巨大。它没有尾锤,大概以这样的装甲和尖刺来防御同时期最强大的对手蛇发女怪龙和惧龙已经足够。

恐龙档案

中文名：戟龙
拉丁名：*Styracosaurus*
分类：鸟臀目、角龙亚目、角龙科、
戟龙属
模式种：艾伯塔戟龙
时期：白垩纪晚期
地区：北美洲
身长：5.5 米
体重：2.7 吨
防御力：54 分

29 戟龙

两性异形是动物界普遍存在的现象，比如雄狮与雌狮、公鹿与母鹿、男人与女人。

古生物学家推测恐龙也存在两性异形现象，不过从来没有得到证实。甚至对一具恐龙标本进行性别判断都困难重重。

道理是显而易见的。我们通常一眼就能识别出男女、分辨出雌雄，因为他（它）们是活的。假如只剩下两具骸骨，那些性别之间的仅限于毛发皮肉的显著差异突然之间都消失了，我们就很难分辨了，需要专家进行鉴定才行。而假如这两具骸骨被掩埋、被不断压挤变形、然后成为化石，专家往往也无从判断。尤其是对那些人们从未见过的史前动物。

古生物学家曾经猜测独角龙是雌性的戟龙。

戟龙，原意为"有尖刺的蜥蜴"，中文翻译为戟龙，刀枪剑戟的戟，是一种体形中等、粗壮笨重、尾巴不长的角龙科恐龙。它的头上有很多角：最大的是长达60厘米的鼻角；最小的是两个额角；两边脸颊各有一个向下的小角；颈盾两侧有4~6个长角和若干小角。

而独角龙是由"化石战争"主角之

一——柯普命名的。按照一般的理解，独角龙就是"有一个角的蜥蜴"的意思，但柯普的脑洞却不是这样的，他命名的原意为"单一的根部"，是指这种恐龙的牙齿只有一个牙根。他同时还给另外一种鸭嘴龙科的恐龙命名为"双芽龙（Diclonius）"，这回你肯定能猜出他当时是怎么想的——是的，因为它的牙齿有两个牙根。

独角龙和戟龙有很多相似之处，区别在于颈盾上尖角的大小形状不同。

有一种方法可以对此进行验证，只是这种方法有待于更多化石的发现：如果发现戟龙集体死亡的骨层，如果其中既有戟龙的标本还有独角龙的标本，那么独角龙和戟龙就是两性异形。

如果只有一种戟龙的标本，那么独角龙就是独立的物种，不可能是戟龙的两性异形。因为骨层里必定有雌有雄，不可能是单一性别（除非在集体产卵时集体死亡，但这种可能性几乎为零）。

但这也只能排除独角龙是戟龙的两性异形，不能排除戟龙两性异形的存在。最大可能恐龙的两性异形，恰如现代动物一样，只是一种皮相的不同，骨骼却是大致相似的，如今看起来相似的戟龙标本生前却有公有母。只是幽暗地下的漫长岁月彻底消除了那些微小的性别差异，使这一切再也不可知。

30 沱江龙

在中国境内发现过很多种剑龙科恐龙化石：沱江龙、重庆龙、嘉陵龙、华阳龙、巨刺龙、将军龙、巴山龙等。其中知名度最大的是最早发现的沱江龙，它也是亚洲发现的第一具剑龙科恐龙化石。它的背上估计有17对骨板和尾刺。

沱江龙与在美国和葡萄牙发现的剑龙、非洲发现的钉状龙都生存于侏罗纪晚期。

而目前发现的最古老的剑龙科恐龙是在重庆发现的巴山龙，生存于侏罗纪中期，比在非洲摩洛哥发现的山岳龙（Adratiklit）大概早了100万年。

和剑龙一样，沱江龙体形虽大，头却小，两三吨重的大个子，头却跟狗的头差不多大小，这不免让人担心它们的脑子不够用。剑龙就曾经被认为在屁股上还有另外一个大脑。美国古生物学家

恐龙档案

中文名：沱江龙

拉丁名：_Tuojiangosaurus_

分类：鸟臀目、剑龙亚目、剑龙科、沱江龙属

模式种：多棘沱江龙

时期：侏罗纪晚期

地区：中国

身长：6.5 米

体重：2.8 吨

防御力：53 分

马什发现剑龙臀部的脊髓有一条大型通道，可以容纳一个比剑龙的大脑大 20 倍的结构。后来有人认为马门溪龙的屁股上也有类似的结构。当人们认为某种东西不够用的时候，"再来一个"好像是顺理成章的选择。比如当人们怀疑由于脖子过长会导致头部供血不足，就认为梁龙这样的巨龙可能在颈部还有另外一个心脏。

不过研究认为，现代鸟类也有这样的结构，可能是用于储存糖原体的，可以向神经系统提供糖原，并可保持身体平衡。

其实在现代生物中这种小头指挥大身子的现象并不罕见，比如鸵鸟顶着一颗小小的头依然可以狂奔，蟒蛇小小的头依然可以指挥 10 米长的身体自由移动。

像沱江龙这种剑龙科的恐龙，前肢短小，移动缓慢，日复一日过着慢悠悠溜达着吃叶子的生活，一身吓人的骨板和尾刺足够吓退大部分猎食者，即使遇到鲁莽攻击者也能用尾刺给予对手致命一击，就像剑龙曾经刺穿异特龙的尾椎一样。饱食终日无所用心，不用学围棋，更不用学奥数，那点儿脑子就完全够用了。

31 尖角龙

和戟龙一样，尖角龙也有一个巨大的鼻角。它的颈盾上有一对弯角和许多小角。尖角龙四肢和身体非常健壮，拥有鸟喙一样的嘴部。

人们曾经在一具尖角龙化石标本的腿骨上发现了癌变迹象，经过检查发现这头恐龙生前已经是癌症晚期。癌症引起的病变会影响行动能力，导致它更容易成为肉食恐龙捕猎的目标。但夺走它生命的，既不是癌症，也不是掠食者，而是一场洪水。

它患病以后就一直生活在一大群尖角龙中间，而非孤身一龙，否则根本不用等到癌症晚期就早已命丧肉食恐龙之口——那些肉食者最喜欢攻击"老弱病残"。这进而证明尖角龙确实是一种群

恐龙档案

中文名：尖角龙
拉丁名：*Centrosaurus*
分类：鸟臀目、角龙亚目、角龙科、尖角龙属
模式种：腔盾尖角龙
时期：白垩纪晚期
地区：加拿大
身长：5.5 米
体重：2.5 吨
防御力：52 分

居动物。

在加拿大艾伯塔省的希尔达镇发现了一个尸骨层，在一个相当于 280 个足球场那么大的地方，埋葬着数千具尖角龙的遗骸，这是迄今为止发现的最大的恐龙尸骨层，被称为希尔达大尸骨层。

它们可能是在两种情况下遇到洪水被淹身亡。第一种情况是集体到河边喝水，遇到洪水暴发从而遇难；另一种情况是在迁徙的途中过河的时候遭遇特大洪水从而集体死亡。

古生物学家推测，尖角龙很可能在东海岸集中繁殖，以类似企鹅那样的小家庭方式抚育幼崽。当幼崽具备行动能力以后，再集体向西迁徙，从而避开东海岸的季节性风暴。在路上无数个家庭会集成一个大的尖角龙群，这样声势浩大的行动足以抵御肉食恐龙的进攻。

但遗憾的是，再大的种群，再锐利的尖角，在大自然面前都无能为力。面对一场滔滔洪水，它们挣扎，它们哀嚎，但是无济于事。它们的尸体被冲到河湾，沉入水底，然后被掩埋，形成了罕见的巨大尸骨层。

恐龙档案

中文名：五角龙
拉丁名：*Pentaceratops*
分类：鸟臀目、角龙亚目、角龙科、五角龙属
模式种：斯氏五角龙
时期：白垩纪晚期
地区：北美洲
身长：5.5 米
体重：2.5 吨
防御力：51 分

32 五角龙

前面介绍过的化石猎人查尔斯·H.斯滕伯格在选择将挖掘化石作为自己终生职业的时候，他的父亲曾经说："这个工作不实用。如果你是一个有钱人的儿子，那么无疑这是一种愉快的消磨时间的方式。但要谋生，你最好还是干点别的吧。"

1909年，59岁的斯滕伯格在他的《化石猎人》一书中对此回应说，他从事化石挖掘以来虽然生计一直都很艰难，但经济状况比先前务农或通过其他行业来赚钱还是要好得多。那时他还没有意识到，一生之中最艰难的时候尚未降临。

从1920年到1922年，美国经济陷入短暂而急剧的衰退。时代的一粒灰，落到化石猎人的身上也是一座山——哪怕这山里全是前所未见的恐龙化石。斯滕伯格濒临破产。此时他已经年逾古稀，依然风餐露宿，在野外四处奔波寻找古生物化石。

刚开始他为瑞典的维曼教授——在中国发现盘足龙化石的师丹斯基的导师——工作。他给维曼寄出了一些化石之后，觉得维曼提供的薪水太过微薄无法维持生计，决定还是自己单干。他挖出了很多化石，想把它们卖给美国自然历史博物馆，就像从前他经常做的那样。但经济衰退同样影响到了美国自然历史博物馆，而且他们当时将有限的经费中的大部分投入到了亚洲的一次大勘探活动中。不过他们还是从紧张的经费中拨出2000美元收购了斯滕伯格的一具五角龙的化石标本。

斯滕伯格暂时渡过了难关。此后美国经济进入快速发展期，积累了巨大的泡沫，然后又陷入了经济大萧条，随后"二战"爆发。经历了这一系列劫难，在寻找化石过程中无数次陷入绝境的斯滕伯格于1943年去世，享年93岁。他实现了自己年轻时许下的愿望，作为一名传奇的化石猎人永远被古生物学界所铭记。

美国古生物学家奥斯本将这具标本命名为斯氏五角龙，以纪念斯滕伯格做出的贡献。它的脸上一共有5个角：两个巨大的额角，一个中等大小的鼻角，两颊还有两个小角。它的颈盾比三角龙更大，边缘有10多对三角形突起。

它是头骨最大的恐龙之一，仅次于泰坦角龙，泰坦角龙被认为是陆地动物里头骨最大的。而泰坦角龙长期被归类于五角龙，直到现在依然有人这么认为。

恐龙档案

中文名：蜀龙
拉丁名：*Shunosaurus*
分类：蜥臀目、蜥脚形亚目、真蜥脚类、蜀龙属
模式种：李氏蜀龙
时期：侏罗纪晚期
地区：中国
身长：9.5 米
体重：3 吨
防御力：50 分

33 蜀龙

它之所以被命名为蜀龙，是因为化石是在四川被发现的，而蜀是四川的简称。

那为什么不干脆叫四川龙呢？因为四川龙早就被占用了，是杨钟健于1942年命名的一种肉食恐龙。

四川古称华阳，为什么不叫华阳龙呢？因为华阳龙这个名字比蜀龙早一年也已经被使用了，它属于一种古老的剑龙科恐龙。

中国恐龙化石资源非常丰富，是世界上恐龙化石种类最全面的国家之一。据统计，截至2019年底，中国就已经命名了322种恐龙，数量跃居世界第一。

虽然数量众多，但给人印象深刻的似乎并不是特别多。

要给人留下深刻的印象，首先，恐龙本身要有鲜明的特征，如脖子特别长的马门溪龙、背上有很多骨板的多棘沱江龙、冠饰独特的青岛龙等；其次，还要有一个一听就能了解到恐龙主要特征或产生某种遐想的名字，如羽王龙、寐龙、泥潭龙等。

这样的恐龙不多，这样的名字也不多。

大多数名字含义都比较朦胧，比如：嘉陵龙、嘉裕龙、江山龙、江西龙、辽宁龙、兰州龙、南阳龙、汝阳龙、工部龙等，如果不深入了解，你根本不可能知道它们长什么样、具备什么特征。

这可能是因为中国恐龙研究起步比较晚，基于恐龙特征的命名如角龙、甲龙、鸭嘴龙等已经基本被占用，因此大多数恐龙的命名只能从别的角度去考虑，导致中国恐龙以地名命名的特别多。像四川龙、华阳龙、蜀龙这样转着圈命名的不在少数。

不过也不能将原因尽归于此。国外有很多恐龙占据了先机，但名字也取得不尽如人意，比如"带屋顶的恐龙""鬣蜥的牙齿"之类，也把人搞得云里雾里，但我们的古生物学家和翻译家在翻译成中文的时候却非常精妙形象地翻译为剑龙和禽龙，充分发挥了中文的魅力。

可见事在人为，我们期待中国恐龙能拥有更多独特精妙的好名字。

回到蜀龙。在蜥脚类恐龙里，蜀龙的脖子要算短的，尾巴却很长，尾巴的末端有尾锤，尾锤上有两个5厘米长的尖刺，是保护自己的武器。

蜀龙的近亲被认为是在澳大利亚发现的瑞拖斯龙。

恐龙档案

中文名：盘足龙
拉丁名：*Euhelopus*
分类：蜥臀目、蜥脚形亚目、盘足龙科、盘足龙属
模式种：师氏盘足龙
时期：白垩纪早期
地区：中国
身长：11 米
体重：3.5 吨
防御力：49 分

34 盘足龙

1921 年，刚刚在瑞典取得博士学位的奥地利人师丹斯基在他的导师、古生物学家维曼的建议下来到中国，担任瑞典地质学家安特生的助手。安特生是当时中国地质调查所的顾问，后来他被誉为中国古生物学奠基人之一，也是举世闻名的"仰韶文化"发掘者。

受安特生的指派，师丹斯基骑着小毛驴深入到北京周口店的山中挖掘古生物化石，他挖到过两颗牙齿，但没有太在意，他认为属于类人猿，殊不知这可能是他一生中最重要的发现。

这两颗牙齿在中国古生物学上的重要性再怎么强调都不过分。正是它才拉开了周口店北京人遗址的发掘大幕：先是安特生鉴定其为人类牙齿；数年后，在杨钟健的主持下，古生物团队对发现这两颗牙齿的周口店龙骨山进行全面挖掘，考古学家、古生物学家裴文中发现了第一个北京人头盖骨，震惊了世界。

不过这些都是后话。当时作为助手的师丹斯基的主要任务就是马不停蹄地寻找和挖掘。离开周口店后，师丹斯基前往山东进行考察，在那里他又发现了一批恐龙化石。1929 年，他的导师维曼将其中一具包含完整头骨的恐龙化石命名为师氏盘足龙，以纪念师丹斯基做出的贡献。

盘足龙是第一种得到科学研究和命名的中国恐龙。在此之前，第一种被发现的中国恐龙是满洲龙，不过那是俄罗斯人于 1914 年越境盗挖并盗运出境，直到 1930 年才被命名。

盘足龙前肢很长，脖子也很长，脖子可以高高举起，跟腕龙和长颈巨龙有些类似，只是体形比较起来有点儿袖珍。它的脚掌似圆盘，换句话说有点儿扁平足，当飞行员是没戏，体检就过不了关，但作为恐龙，扁平足的好处是走路比较稳。

35 美甲龙

甲龙科恐龙化石在两个地方发现得特别多。

一个是在加拿大，发现了甲龙、埃德蒙顿甲龙、刺甲龙、倍甲龙、无齿甲龙、包头龙等。

另一个是在蒙古国，发现了美甲龙、猬甲龙、多智甲龙、牛头怪甲龙、绘龙等。

有一些恐龙化石是在同一地层中发现的，有的古生物学家认为在同一地区的同一地层只有一种甲龙科的恐龙存在，因此加拿大的倍甲龙、刺甲龙、无齿甲龙和包头龙曾经被认为是同一物种。而蒙古国发现的美甲龙、多智甲龙、猬甲龙和牛头怪甲龙也曾经被认为是同

恐龙档案

中文名：美甲龙
拉丁名：*Saichania*
分类：鸟臀目、甲龙亚目、甲龙科、美甲龙属
模式种：胡山美甲龙
时期：白垩纪晚期
地区：蒙古国、中国
身长：5.2米
体重：2吨
防御力：47分

一物种。

但研究认为它们之间的显著差异确保它们可以成为不同的物种。

那么，为什么同一时期同一地区能有多种甲龙科恐龙并存呢？唯一的解释只能是在如今已经成为戈壁的不毛之地，在白垩纪晚期虽然也是沙漠，但其间分布的绿洲曾经拥有丰富的植物，足以养活如此众多的种群。

美甲龙并不是说它是一头爱做美甲、爱化妆的恐龙。美甲龙的意思就是最直接的"美丽的甲龙"之意，形容它的头骨化石被发现时的完好状态。

美甲龙非常粗壮结实，身材低矮，用四足行走，前肢非常强壮。有装甲有尾锤，头部有球状的鳞甲，有助于它防御敌人的攻击。古生物学家曾经对美甲龙的标本进行 CT 扫描，发现它的右眼窝上方有一个被特暴龙咬穿并已愈合的孔。它虽然被特暴龙咬伤，但并没有被对方吃掉，而是"血口"逃生，并且养好了伤。

美甲龙的舌骨化石是所有恐龙中最完整的，显示它生前有着长长的舌头。

36 刺甲龙

化石猎人威廉·卡特勒曾经在加拿大艾伯塔省四处搜寻，终于在一处叫死屋峡谷数十米高的悬崖上发现了恐龙化石的踪迹，那是1914年。在切割岩石的时候，石块突然倒塌砸在他身上，将他压在下面。他伤势很重，几天后才被抢救过来。

另外一位化石猎人查尔斯·H.斯滕伯格带着他的三个儿子接手了剩下的工作，化石连同岩石被切割下来之后，并没有像其他化石那样完全将多余的岩石细致去除，因为在腹部一侧发现了皮肤的印痕。于是在清理了背部一侧之后，化石被运送到了英国自然历史博物馆，原样保存。

这是一具相当完整的骨架，除了头

恐龙档案

中文名：刺甲龙
拉丁名：*Scolosaurus*
分类：鸟臀目、甲龙亚目、甲龙科、刺甲龙属
模式种：卡氏刺甲龙
时期：白垩纪晚期
地区：加拿大
身长：5.5 米
体重：2 吨
防御力：46 分

骨和少部分尾椎及腿骨不见，其余骨骼乃至皮内成骨都几乎原位保存下来。它有装甲，有尖刺，也有近乎球形的尾锤。

它曾经被看作包头龙的一个种，因此有一些包头龙的骨架是根据它的形象来重建的。

1928 年，匈牙利古生物学家弗朗茨·诺普萨将其命名为卡氏刺甲龙，以纪念它的发现者威廉·卡特勒。此时，卡特勒已经去世三年。

那个年代几乎每一位化石猎人都曾经历九死一生。卡特勒在死屋峡谷死里逃生之后，并没有放弃他的事业。他继续在加拿大西部搜寻化石，并曾担任加拿大曼巴托尼大学的地质学教授，成为加拿大西部地质史的权威。

1924 年，他受命担任大英博物馆非洲探险队的队长，率领团队前往非洲坦桑尼亚搜寻恐龙化石，在那里工作了接近两年时间后，不幸染上疟疾去世，年仅 42 岁，一生未婚。

37 绘龙

一群绘龙从一个绿洲出发，穿过一片沙漠，前往另外一个绿洲。

它们离开的这个绿洲食物已经被啃食得差不多了，再不到别的地方觅食，就只有被饿死。

队伍的一头一尾是已经成年的绘龙，中间是尚未成年的绘龙。队伍的防守并不严密，因为它们的敌人并不强大。在它们生存的年代，恐怖的特暴龙尚未诞生，最主要的掠食者是伶盗龙，一种在它们眼里十分袖珍但速度很快、动作敏捷的肉食恐龙，伶盗龙的体重还不到成年绘龙的九十分之一。

绘龙背部有骨板和尖刺，头上也有骨板保护。跟其他甲龙类的恐龙相比，它们的体态比较轻盈，它们的尾锤不大但是速度很快，专门用来对付伶盗龙这种敏捷的对手。

它们在沙漠里走着。虽然周围并没有掠食者，但它们此刻比被掠食者团团

恐龙档案

中文名：绘龙

拉丁名：*Pinacosaurus*

分类：鸟臀目、甲龙亚目、甲龙科、绘龙属

模式种：谷氏绘龙

时期：白垩纪晚期

地区：蒙古国、中国

身长：5 米

体重：1.9 吨

防御力：45 分

包围的时候还要紧张。

因为它们最大的敌人，并不是那些肉食恐龙。而是天气。

狂风大作，沙尘暴来了。

成年绘龙很费力地试图在风中站稳。那些正值少年的绘龙为了不被风吹跑，蜷缩成一团，紧紧贴在地面上。它们纷纷把头扭到背风的那一边，努力不让沙子吹到自己的眼睛和嘴巴里。

但是这么朴素的愿望并没有实现。它们被沙子埋起来了，身上的沙子越来越厚，压得它们动也不能动。

当风沙停歇的时候，成年的绘龙从沙堆里奋力钻了出来，而少年绘龙却再也没能从沙子里爬出来。

成年绘龙发出了哀嚎。它们的鼻腔里有好几个鸡蛋大小的孔，这些孔的作用一直令人感到疑惑。但想来大概可以起到共鸣箱的作用，使它们的叫声显得更加凄厉。

成年绘龙叫了很长时间也没等到任何回应，无可奈何地，它们继续踏上了前往另外一个绿洲的征程。

而在几千万年之后，挤成一团的少年绘龙已经变成了化石。化石被发现的时候，它们依然保持着贴地的姿势，而且所有的头依然朝向同一个方位。这么多年以来，它们一直在试图躲避那场夺命的风沙。

恐龙档案

中文名：豪勇龙
拉丁名：*Ouranosaurus*
分类：鸟臀目、鸟脚亚目、禽龙类、豪勇龙属
模式种：尼日尔豪勇龙
时期：白垩纪早期
地区：非洲
身长：8.3米
体重：2.2吨
防御力：44分

38 豪勇龙

既然被命名为豪勇龙，我们就来分析一下它可能的豪勇之处在哪里。

在植食恐龙里，它的块头不算大，对大型肉食恐龙来说基本上不具备震慑力。它的后肢很粗壮，但脚掌小，可见它的奔跑速度不会太快，用速度逃生也不现实。和近亲禽龙一样，它的拇指上也有尖爪，但面对强大的捕食者，尖爪的作用相当有限，大致相当于我们挥舞着指甲刀迎战手持青龙偃月刀的敌人。

既然如此不堪一击，那么古生物学家为何要给它命名为"勇敢的蜥蜴"呢？

大概是因为它背上那高大的神经棘。这些神经棘长在脊椎上，高达数十厘米，从背上到尾部都是，非常威武。

而且，这些神经棘跟其他恐龙都不一样。棘龙等背上的神经棘在末端会变细，而豪勇龙的神经棘末端反而变粗、变平。

这些神经棘令人颇费思量：当豪勇龙活着的时候，它的背部是什么样子？又有什么作用？

一种意见认为豪勇龙的神经棘应该跟棘龙一样，是一个帆状物。可能的作用包括调节体温、吸引异性等。

另一种意见认为豪勇龙的背上不是帆状物，而是类似骆驼背上驼峰那样的隆肉，里面储存着脂肪，在长途迁徙缺乏食物的时候可以补充能量。

但一个最大的疑问是：既然豪勇龙在别的方面战斗力一般，为何还要在背上演化出一个六七米长的大肉条，让自己行动更迟缓、陷入更加危险的境地，这是否有点太不符合常理？

分析下来，豪勇龙背上是帆状物的合理性更大一些。和它生活在同一时期、同一地区最强大的捕食者是棘龙和似鳄龙，它们背上都有帆状物。当豪勇龙把背上的神经棘支棱起来，样子看上去跟棘龙和似鳄龙也差不多，既可以迷惑最强大的敌人，也可以吓唬实力弱一些的对手。

这种现象大概跟有的虫子在遇到危险的时候将自己伪装成眼镜蛇类似。

恐龙档案

中文名：青岛龙
拉丁名：*Tsintaosaurus*
分类：鸟臀目、鸟脚亚目、鸭嘴龙科、青岛龙属
模式种：棘鼻青岛龙
时期：白垩纪晚期
地区：中国
身长：8.3 米
体重：2.5 吨
防御力：43 分

39 青岛龙

1950年，山东大学地矿系的学生在副教授周明镇的带领下在山东莱阳进行地质训练的时候，意外发现了恐龙化石。古生物学家杨钟健闻讯赶来与他们展开合作，于1951年挖掘出一具完整的恐龙化石，他将其命名为青岛龙。

照理说这种用地名来命名的方式，一般都是以出土处的地名来命名，应该叫莱阳龙或烟台龙才对，为什么偏偏叫青岛龙呢？这是因为当时杨钟健的发掘大本营设在青岛，研究工作也是在青岛进行，而恐龙的具体发掘者是山东大学地矿系的学生，当时山东大学所在地就是青岛，正是考虑到这诸多因素，杨钟健才将其命名为青岛龙。

青岛龙最独特之处在于头上有一根长达40厘米的骨刺向前上方伸出，看上去像一个独角兽。当然，你也可以说它长得像天线宝宝里的绿色的迪西。

正是因为这根刺，所以它的全名叫"棘鼻青岛龙"。这根在恐龙世界独一无二的刺给大家带来了极大的困惑：它是干吗用的？为何长成了这般形状？

有人认为这可能是一根变形或错位了的鼻骨；有人认为这是头冠的一部分，头冠的其他部分脱落了；也有人认为它就长这样。多数观点认为它是空心的，可能起到一个共鸣器的作用。

我国科学家通过对青岛龙化石进行CT扫描发现，这根刺并没有发生变形或错位，它是实心的，但它可能是一个空心的头冠的边缘部分。这个头冠与其他鸭嘴龙科恐龙向后倾斜的头冠不一样，它是向前倾斜的。也就是说，它不是大家原先以为的那种独角兽，但它有可能是另一种意义上的角更大的独角兽。

青岛龙有着典型的鸭子一样的嘴巴，有一嘴强壮的牙齿，下肢粗壮，平时可能以四足行走，遇到危险可能会站起来撒腿就跑。

青岛龙是群居动物，遇到危险会通过那个被认为是中空的头冠发出巨大的声音，对敌人发出警告。

恐龙档案

中文名： 禄丰龙

拉丁名： *Lufengosaurus*

分类： 蜥臀目、蜥脚形亚目、大椎龙科、禄丰龙属

模式种： 许氏禄丰龙

时期： 侏罗纪早期

地区： 中国

身长： 9 米

体重： 2.3 吨

防御力： 42 分

40 禄丰龙

禄丰龙不仅是中国已知年代最早的恐龙，也是中国人自己发掘、研究、装架的第一头恐龙，因此被称为"中国第一龙"。1958年，中国邮政发行了世界上第一张恐龙邮票，主角就是禄丰龙。

禄丰龙是由我国著名地质学家、古生物学家、中国古脊椎动物学奠基人杨钟健先生和他的同事卞美年等人于1938年在云南禄丰发现的。

当时日本已经发动了全面侵华战争，许多文化教育和科研机构纷纷撤退到大西南。杨钟健也来到了云南。在这种漂泊动荡之中，他和同事依然坚持开展地质调查和古生物化石的研究。

化石挖掘出来以后，他开始了研究、复原和装架工作。为了躲避日军轰炸，他把研究室搬到一座破烂的关帝庙中。他写的一首《关帝庙即景》记录了当日情形：

三间矮屋藏神龙，闷对枯骨究异同。
且恐半月地上垢，姑敲一日分内钟。
起接屋顶漏雨水，坐当脚底空穴风。
人生到此何足论，频对残篇泣路穷。

1940年7月，恐龙骨架组装成功，他将其命名为许氏禄丰龙(许氏即许耐，他在德国求学时的导师)。为了纪念这个时刻，他写了一首《题许氏禄丰龙再造图》：

千万年前一世雄，赐名许氏禄丰龙。
种繁宁限两洲地，运短竟与三叠终。
再造犹见峥嵘态，象形应存浑古风。
三百骨骼一卷记，付与知音究异同。

随后，许氏禄丰龙骨架被运到重庆进行公开展览，参观的人络绎不绝，还有很多人在骨架前焚香磕头。现在，这架许氏禄丰龙成了中国古动物馆的镇馆之宝。

禄丰龙是一种二足恐龙，和欧洲的板龙是近亲，前肢短，后肢长。

除了禄丰龙外，杨钟健(1897~1979年)一生发现并命名了数十种古生物，其中最著名的有马门溪龙、中国龙、青岛龙、四川龙、德国翼龙等。在古生物研究上取得的巨大成就使他赢得了世界性声誉。在大英博物馆内挂着许多大科学家的照片，有达尔文、有欧文，也有唯一来自亚洲的科学家杨钟健。

41 钉状龙

钉状龙是剑龙的近亲，但它后背到尾巴的不是骨板，而是尖刺。它的肩膀和臀部两侧可能也长有尖刺。

很少有人去猜测钉状龙身上这些尖刺有什么作用，因为答案显而易见：防御敌人的攻击。几乎没有人认为这些尖刺具备吸收太阳能、调节体温或者充血吓人之类的特异功能。

但在它的近亲剑龙身上，人们对骨板的功能一直争论不休。最初的意见认为主要是防卫功能，但很快被否认。

有人认为剑龙可以利用骨板吸收太阳能，抵抗低温。但侏罗纪气温普遍偏高，尤其在侏罗纪早期和晚期发生了严重的温室效应，导致气温比现在高5到10摄氏度，剑龙根本无需考虑寒冷的

恐龙档案

中文名：钉状龙
拉丁名：*Kentrosaurus*
分类：鸟臀目、剑龙亚目、剑龙科、钉状龙属
模式种：埃塞俄比亚钉状龙
时期：侏罗纪晚期
地区：非洲
身长：4.5米
体重：1.6吨
防御力：41分

问题。

有人认为骨板中有丰富的血管，剑龙可以将热量通过骨板散发出去，从而能够调节自己的体温，类似于大象的大耳朵。放在酷热的侏罗纪去考虑，这种观点听起来似乎不无道理。但无法解释剑龙的近亲钉状龙何以不需要调节自己的体温。要知道，在侏罗纪晚期，即钉状龙和剑龙生存的年代，剑龙当时生存在北纬40°左右的地区，而钉状龙生存在南纬40°左右的地区，两地气候条件相差无几。

古生物学家研究了剑龙的另一个近亲——带有皮肤印痕的西龙标本，发现这些骨板外面有角质层覆盖，使骨板得以加固，并形成了锋利的边缘。这种观点似乎将讨论拉回到了最开始的地方：骨板主要用于防御。这就使得剑龙和钉状龙在几乎所有主要问题上都达成了统一。

显然这也不会是最终的答案。也许在古生物学上并没有唯一的标准答案，一切结论都是基于化石证据、逻辑推理和科学常识的自圆其说。

42 北方盾龙

一场突如其来的野火在整个荒原上蔓延，很快烧毁了一切。到处都是烧黑的残枝和草灰，以及烤成焦炭的动物尸体。

一只北方盾龙在河边喝水，看到熊熊火焰猛然扑过来，吓得跳进了水中。幸亏河水不深。

当再也没有什么可以燃烧的时候，大火熄灭了。整个荒原之上，那些嫌它背上的刺扎嘴但总想把它的肚皮翻过来——因为它只有肚皮上才没有尖刺和鳞甲——好吃它的敌人消失了，它的朋友消失了，它平常吃的所有植物也消失了。除了它，天地间似乎再没有一条生命存在，它孤独得不知所措。

它靠着河边残存的一点水生植物度日。

但毕竟春天已经来了。埋藏在土壤深处的一些顽强的生命蠢蠢欲动。稀稀拉拉地，一些蕨类植物开始破土而出。

这是北方盾龙最爱的食物。它跑来跑去，这里一嘴，那里一嘴，满心欢喜，迫不及待，将这些新鲜的嫩芽吃到肚子里去。这些刚从地里冒出来的新芽还带

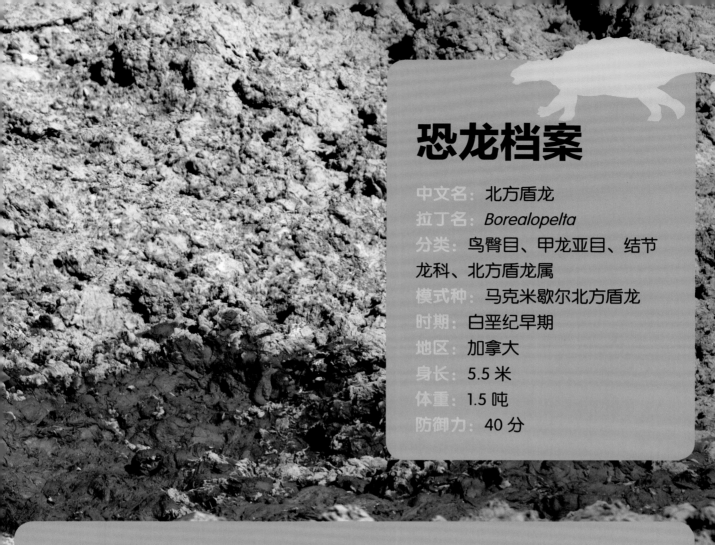

恐龙档案

中文名： 北方盾龙

拉丁名： *Borealopelta*

分类： 鸟臀目、甲龙亚目、结节龙科、北方盾龙属

模式种： 马克米歇尔北方盾龙

时期： 白垩纪早期

地区： 加拿大

身长： 5.5 米

体重： 1.5 吨

防御力： 40 分

着灰烬呢，把它的嘴都染得漆黑。

吃了好几个小时，终于吃饱了。北方盾龙回到河边溜达，准备再喝点水。这时候突然乌云密布，电闪雷鸣，一个闪电打下来，对大火心有余悸的北方盾龙吓得赶紧又跳入了河中。

天空下起瓢泼大雨，滚滚山洪呼啸而至，北方盾龙来不及上岸，就被卷入波涛之中，沉沉浮浮，很快它就失去了意识。洪水将它冲到了 160 千米外的大海，它的尸体沉入海底，沉积物很快将它覆盖，并在它周围形成了菱铁矿结核——这可以使它的尸体免遭侵蚀。

一亿一千万年过去了。它早已变成了化石，它的下层则是一些富含沥青的油砂。一个工人在用开采机打井的时候挖到了化石碎片，他将这一发现报告了加拿大皇家博物馆。古生物学家带领的团队用了两周时间挖出了北方盾龙的化石。然后技师马克·米歇尔用了整整 6 年时间手工清除了多余的岩石，终于使这只北方盾龙近乎完美地再现了它生前的样貌。

是的，和那些恐龙木乃伊不一样，它甚至都没有变干瘪，近乎完整地保留了遍布背部和侧面的鳞甲以及尖刺。它的皮肤也保留了下来，装甲中还残留了色素，它们生前可能呈棕红色，并带有可以伪装自己的阴影图案。

它生前吃下的最后一顿蕨芽大餐依然保存在胃部，里面有大约 6% 的炭灰，这是那场史前大火发生过的唯一证据。

43 华丽角龙

华丽角龙脸上有 5 个角，属于角龙科恐龙的标配：两个长额角、一个鼻角、两个颊角。不同的是，它的两个额角曲线优美，向两侧伸出然后下弯，末端变得尖锐。更独特的是它的颈盾顶端有 10 个长角，其中 8 个弯向前下方，两个弯向两侧。颈盾的两侧另外还有 15 个突起的三角形骨突。这些装饰使得华丽角龙拥有了恐龙中最奇特华丽的头骨。

华丽角龙的化石是在美国大升梯国家纪念区发现的。大升梯地区被称为"美国最后一个未被开采的恐龙化石大型基地"，在此处发现了很多种恐龙化石，华丽角龙被认为是其中最重要的一个。

大升梯地区是 1996 年由时任美国总统克林顿批准建立为国家纪念区的，全名为大升梯－埃斯卡兰特国家纪念区，总面积 7610 平方千米，是美国最大的国家纪念区。

但 2017 年，当时的美国总统特朗普下令将纪念区的面积缩减一半，以释放土地用于钻探、采矿、放牧和捕鱼等。

恐龙档案

中文名：华丽角龙
拉丁名：*Kosmoceratops*
分类：鸟臀目、角龙亚目、角龙科、华丽角龙属
模式种：理氏华丽角龙
时期：白垩纪晚期
地区：美国
身长：4.5 米
体重：1.2 吨
防御力：36 分

出于同样目的，他还下令将另外一个纪念区——熊耳国家纪念区的面积缩减85%。

这一决定引起了科学家、环保人士和原住民的抗议，人们担心这些不可再生的古生物和文化资源一旦遭到破坏，将引起灾难性的后果，他们发起了针对特朗普的诉讼。诉讼还没有出结果，被告就下台了，继任总统拜登重新恢复了两个纪念区的面积。

但拜登的决定也引起了犹他州当地利益集团的不满，开垦土地与挖矿才是他们的诉求，他们甚至想要推动废除设立纪念区的法律依据——古迹法案。不知道当美国总统再次更迭，纪念区的规模是否会再次被缩减？那些大型采矿机械是否会在原本属于纪念区的地方横扫一切？

大升梯地区那些不同地质时期的未知古生物化石此刻虽然深埋地下，但它们的命运竟是如此捉摸不定，就像一个被遗弃的塑料袋在风中飘摇。

恐龙档案

中文名： 鼠龙

拉丁名： *Mussaurus*

分类： 蜥臀目、蜥脚形亚目、近蜥龙类、鼠龙属

模式种： 巴塔哥尼亚鼠龙

时期： 三叠纪晚期

地区： 阿根廷

身长： 8 米

体重： 1.6 吨

防御力： 34 分

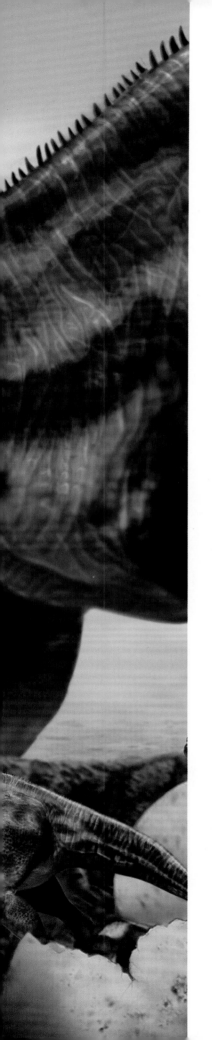

44 鼠龙

　　鼠龙最初被发现的是它的幼体和青少年个体化石，幼体化石只有二三十厘米长，跟我们平常在野外看到的蜥蜴差不多大。青少年个体要大一些，但仍然显得很袖珍。

　　鼠龙生存于三叠纪晚期，那是恐龙刚刚诞生不久的年代，那个时候的恐龙体形无论多小都很正常。因此鼠龙的未成年个体化石误导了阿根廷古生物学家，也是食肉牛龙和阿马加龙的发现者何塞·波拿巴，他以为这种恐龙只有这么大，于是将其命名为鼠龙，意思是"像老鼠一样的蜥蜴"。

　　后来发现的成年鼠龙的化石，完全颠覆了人们最初的认知，成年鼠龙体重居然超过了1吨。在三叠纪的恐龙里，似乎只比天赋异禀的板龙小。

　　在鼠龙被命名之前，有一些鼠龙的化石标本曾被归类于板龙。后来的重新研究发现它们其实是成年的鼠龙。

　　鼠龙未成年个体的身体结构与成年个体差异很大，小鼠龙可能需要一年的时间才能学会用四足行走，但随着年龄的增长，会转变为用二足行走。这表明鼠龙宝宝出生后相当长的时间都需要长辈的照料。

　　有研究发现，鼠龙存在共同筑巢的现象，它们将蛋集中下在一处，共同孵化。专家推测鼠龙可能不存在单一父母的概念，而是共同照料后代。

　　鼠龙是目前被证实有群居行为的最古老的恐龙。这种群居生活很可能是恐龙度过三叠纪生物大灭绝，并在随后的物种竞争中成为地球王者的相当关键的一个因素。

恐龙档案

中文名：大椎龙
拉丁名：*Massospondylus*
分类：蜥臀目、蜥脚形亚目、大椎龙科、大椎龙属
模式种：刀背大椎龙
时期：侏罗纪早期
地区：非洲
身长：6米
体重：1吨
防御力：32分

45 大椎龙

大椎龙是最早被命名的恐龙之一，那是 1854 年。它的命名者是理查德·欧文，"恐龙"一词的创造者。

大椎龙的化石是在南非被发现的。当地农民挖到恐龙化石总会被吓得半死，他们认为这些是"布须曼人"的骨骼，会对自己的孩子造成不好的影响，因此都要将这些化石毁掉。

布须曼是一个带有歧视意味的称呼，现在一般都称为"桑人"。桑人是世界上最古老的民族之一，多少年来一直维持原始部落的形态，以狩猎和采集为生，没有文字，依然靠钻木取火。直到 20 世纪 70 年代以后桑人才慢慢融入现代社会，甚至有一位桑人成为知名演员，他叫历苏，主演了著名电影《上帝也疯狂》及其续集，大获成功。他后来还主演了《非洲和尚》《香港也疯狂》等多部香港电影。

某些还没来得及被毁掉的所谓"布须曼人"的骨骼幸好被古生物学家发现了，其中就有大椎龙的化石。这些化石被运到英国进行研究，后来第二次世界大战爆发，纳粹德国对英国发动了超过 76 个昼夜的空袭，造成 4.3 万人死亡，10 万幢房屋被毁，史称"伦敦大轰炸"。大椎龙的化石也在空袭中被炸毁。或许这就是所谓命运：不是毁于锄头，就是毁于炸弹。

幸亏大椎龙是一种很成功的恐龙，它们的种群显然曾经非常庞大，相继又有很多化石被挖掘出来，甚至还发现了胚胎化石。这些胚胎接近出生，没有牙齿，出生之后无法自己觅食，必须靠妈妈或爸爸喂养。胚胎的四肢几乎等长，刚出生的时候是用四肢行走，但成年后它们将成为二足动物，到那时它们前肢的长度只有后肢的三分之一。跟霸王龙一样，它们的小短手也够不着嘴。

大椎龙的四肢都有 5 指，拇指上都有锋利的爪子。骨骼上有很多孔洞，体内多半存在气囊组织，可能也采取跟鸟类一样的双重呼吸方式。

大椎龙和中国的禄丰龙是近亲。

恐龙档案

中文名：南极甲龙

拉丁名：*Antarctopelta*

分类：鸟臀目、甲龙亚目、副甲龙类、南极甲龙属

模式种：奥氏南极甲龙

时期：白垩纪晚期

地区：南极洲

身长：4 米

体重：350 千克

防御力：28 分

46 南极甲龙

詹姆斯罗斯岛是南极洲的一个岛屿，是以出现在南极的第一支探险队指挥官、英国探险家詹姆斯·罗斯的名字命名的。

1986年，阿根廷地质学家宣布在詹姆斯罗斯岛发现了恐龙化石。这是首次在南极洲发现恐龙化石，引起了世界的瞩目。但由于天气太过恶劣、冻土难以挖开，导致挖掘工作断断续续进行了十年之后才宣告完成。直到又一个十年过去的2006年，这种恐龙才被命名为南极甲龙。

在此期间，南极洲发现了第二种恐龙化石，随后的1993年，其被命名为冰脊龙。这是南极洲第一种被命名的恐龙，最先被发现的南极甲龙排到了第二。

随后在南极洲又陆续发现了几种恐龙，比如植食的冰河龙、莫罗龙、特立尼龙，肉食的强战龙等。需要注意的是，有一种名叫南极龙的巨龙类恐龙并不是在南极洲发现的，它出土于阿根廷。

最初，人们认为这具南极甲龙是个幼体，因为体形不大，后来从骨骼发育状况判断已经成年。背上也有骨板和尖刺，没有发现完整的尾椎，但推测可能长有锯剑状的尾部。它的个子虽然小，但牙齿比其他甲龙类的恐龙都要大。

从南极甲龙的体形推测，当时它的敌人应该不会很强大。冰脊龙虽然比它体形大，但冰脊龙生存于侏罗纪，南极甲龙则生存于白垩纪。和南极甲龙同时期的肉食恐龙是同样发现于詹姆斯罗斯岛的强战龙，强战龙（Imperobator）的化石标本很不完整，有人认为体形可能跟南极甲龙差不多。

在白垩纪的时候，南极洲虽然已经位于南极圈内，但当时并不寒冷，没有冰盖存在，当时岛上覆盖着针叶林和落叶阔叶林。冬季也存在极夜现象，因此南极甲龙应该拥有夜视能力。

那时候詹姆斯罗斯岛还跟南极大陆连在一起，而南极大陆还跟南美洲连在一起。后来，南极大陆跟南美洲分开，而詹姆斯罗斯岛仍然通过冰架与南极洲相连，直到1995年由于全球气候变暖，冰架坍塌。

恐龙档案

中文名：欧罗巴龙

拉丁名：*Europasaurus*

分类：蜥臀目、蜥脚形亚目、腕龙科、欧罗巴龙属

模式种：豪氏欧罗巴龙

时期：侏罗纪晚期

地区：欧洲

身长：6.2 米

体重：800 千克

防御力：27 分

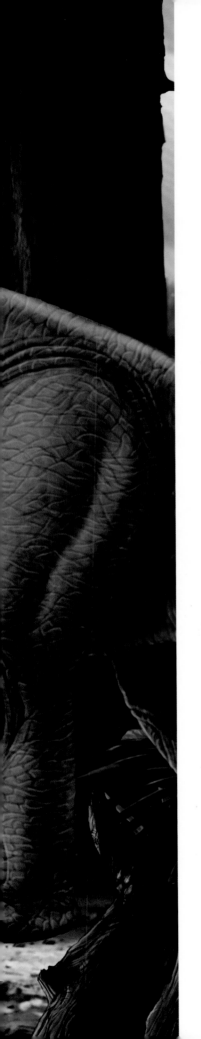

47 欧罗巴龙

　　和鼠龙相反，欧罗巴龙化石被发现的时候，人们以为这是某种晰脚类巨龙的未成年个体，因为它们的体形只有那些巨龙的二十分之一乃至七八十分之一。但后来研究发现大多数标本都已经成年，体形就是这么小。

　　在侏罗纪的时候，现在的欧洲大陆还没有形成，那时候还是欧洲群岛，欧罗巴龙就生存在其中一座岛屿上。由于岛上食物匮乏，属于蜥脚类恐龙的欧罗巴龙无法像亲戚们那样吃出巨大的身材，更重要的是岛上的肉食恐龙体形也都很袖珍，战斗力很弱，于是欧罗巴龙发现不用那么卖命就可以活得舒舒服服。既然轻轻松松就能考第一，谁还会努力？

　　这就是自我矮化现象，也就是所谓的岛屿侏儒化，导致体形最大的欧罗巴龙也只有区区 800 千克，是体形最小的蜥脚类恐龙。

　　在罗马尼亚发现的马扎尔龙也是一样，最大体重只有 900 千克，体长不足 6 米，是体长最短的蜥脚类恐龙。

　　在漫长的岁月里，它们是各自岛屿上的王者，仿佛小人国的国王，生活得安逸而单调，单调到察觉不到世界正在悄悄发生改变：侏罗纪末期，陆地缓缓上升，水位缓缓下降，欧洲大陆正在形成。当岛屿与大陆之间的海水消失，灭顶之灾即将来临。

　　从化石发掘地附近发现的恐龙足迹可以推测，一群异特龙出现在这座岛屿上。面对体形 3 倍于自己、速度又比自己快的侏罗纪最残暴的杀手，欧罗巴龙无处可逃。本来不努力也无需努力的它们，此刻想加倍努力也来不及了。它们种群灭绝的命运，再也无可逆转。

恐龙档案

中文名：肿头龙、厚头龙
拉丁名：*Pachycephalosaurus*
分类：鸟臀目、肿头龙亚目、肿头龙科、肿头龙属
模式种：怀俄明肿头龙
时期：白垩纪晚期
地区：美国
身长：4.5 米
体重：450 千克
防御力：26 分

48 肿头龙

照理说，肿头龙的特征是非常明显的，它的头颅顶部高高隆起足有25厘米，按比例来说，肿头龙颅顶这厚度在恐龙界无龙能及，但最初它却被归类于伤齿龙科。

现在我们已经知道，伤齿龙是一种很聪明的肉食恐龙。但最初只发现了它的牙齿化石，看上去很锋利的样子，于是被命名为伤齿龙。

然后剑角龙化石被发现了，因为它的牙齿跟伤齿龙的牙齿很像，于是剑角龙被认为是伤齿龙的近亲。

剑角龙有厚厚的头骨，跟肿头龙的头骨很像。因为肿头龙类似于剑角龙，剑角龙类似于伤齿龙，于是肿头龙就被划分到了伤齿龙科，它最初被命名为怀俄明伤齿龙。

直到十多年后，化石猎人巴纳姆·布朗将其正式命名为肿头龙，而化石猎人查尔斯·H.斯滕伯格的儿子莫拉特姆·斯滕伯格指出伤齿龙和肿头龙是完全不同的两个物种，肿头龙这才跟伤齿龙彻底撇清了关系。

肿头龙是一种二足恐龙，它厚厚的头骨后方有骨质瘤，鼻子上方有短角。眼窝很大，视力很好，并可能具备立体视觉。它有锐利的、锯齿状的牙齿，方便切割植物。

肿头龙的头颅顶究竟有什么作用一直备受猜测。它可能在遇到危险的时候将头顶狠狠撞向对方，也有可能在种族内竞争的时候和对手以头相撞。但有人提出成年个体肿头龙的头骨无法吸收力道，因此不适合进行撞击。在种群内竞争的时候，它们有可能是以并排行进的方式用头部的侧面互相撞击。

按照这个理论，你会发现长这么厚的头骨是多么多余啊。

2012年的一份研究发现一具肿头龙标本上有伤痕，表明它生前曾经用头进行过撞击。这份研究还认为，先前有些肿头龙颅骨被鉴定为在化石形成过程中受到的碰撞，其实也是生前的撞击造成的。但已经无从知道这些撞击是发生在种群内部，还是发生在抵御肉食恐龙进攻时。

49 奇异龙

奇异龙的化石早在 1891 年就被发现了，但它一直在货运箱里待了 20 多年才被美国古生物学家吉尔摩尔拿出来研究。化石在这么长的时间里没有受到任何照料却依然状态良好，吉尔摩尔对此感到十分惊讶，他将其命名为漠视奇异龙，

意思就是"被漠视的奇妙的蜥蜴"。

最初人们还不懂得如何保存化石。当化石埋在地下的时候，由于与空气隔绝且保持一定的湿度，化石能长久保持不变。当它们被挖出来与空气接触，就会发生化学反应且失去水分，使化石变得粉碎。著名的双腔龙化石正是因为这个原因才那么易碎，最后下落不明（多半是粉碎之后被当作垃圾扔掉了）。此后古生物学家才开始探索各种各样的方法来保存化石。

而这具奇异龙的化石标本在 20 多年的时间里并没有被采取任何措施，依然保存良好，可能是箱子隔绝了大部分空

恐龙档案

中文名：奇异龙
拉丁名：*Thescelosaurus*
分类：鸟臀目、新鸟臀类、奇异龙科、奇异龙属
模式种：漠视奇异龙
时期：白垩纪晚期
地区：美国
身长：4 米
体重：300 千克
防御力：24 分

气，并且阻止了水分挥发。

奇异龙是一种身体强壮的二足恐龙，奔跑速度并不快，但据分析它可能具备良好的变向能力，在被追逐的时候可以灵活地改变奔跑方向，从而摆脱敌人的追杀。它的肋部有软骨构成的骨板，作用不明，可能对呼吸有帮助。骨板没有任何被攻击的迹象，应该不能用于防御。

1993 年在美国南达科他州曾经发现一具奇异龙的标本，标本内部有一个圆形物体，最初，研究人员采用 CT 扫描认为这是奇异龙的心脏，并称发现了主动脉的痕迹。随后，另外的研究人员指出这个被称为心脏的物体其实是个结石，但最初的研究人员对此并不认可。

2011 年的另一次研究采用了更先进的多种技术：CT 扫描、组织学、X 光散射技术、X 射线光电子能谱学、透射电子显微镜等，研究后认为这个圆形物体既缺乏心脏的结构，也缺乏生物体常见的化学元素，只有一些非生物物质以及一些植物碎片，应该是在化石形成过程中从周围环境混入到胸腔位置的砂团物质。

这件事情告诉我们：亲眼所见的化石也会骗人；但真正的高科技可以告诉你真相。

恐龙档案

中文名： 原角龙
拉丁名： *Protoceratops*
分类： 鸟臀目、角龙亚目、原角龙科、原角龙属
模式种： 安氏原角龙
时期： 白垩纪晚期
地区： 蒙古国、中国
身长： 2.5 米
体重： 104 千克
防御力： 21 分

50 原角龙

原角龙的头上并没有角，只有颈盾。它们的颈盾有大有小，有长有短，古生物学家解释为两性异形以及年龄变化，而不是像角龙科那些大同小异的怪物那样，稍有差异就命名为这角龙那角龙。

原角龙最初被认为是角龙科的祖先，因此得到了这个名字。它们是四足恐龙，有很大的眼睛，具备夜视能力，可能属于无定时活跃性的动物，白天黑夜都保持活动状态，只做短暂休息。

作为一种普普通通的小型恐龙，原角龙因为两起事件而被公众所熟知。

第一起事件是数千万年前的那次同归于尽。一只原角龙面对伶盗龙的攻击，与对方死死缠斗在一起，最终同归于尽，然后它们的尸体被沙尘暴或崩塌的沙丘掩埋。1971年，这具名为"搏斗中的恐龙"的化石在蒙古国被发现，立即引起了轰动，成为世界上最著名的化石标本之一。

第二起事件是恐龙界最大的一桩冤案。一具小型恐龙化石被发现位于一窝恐龙蛋的上方，它的头骨已经破碎。那窝恐龙蛋被认为是原角龙的，当时的推测是，原角龙发现这只恐龙正在偷自己的蛋，于是打碎了它的头。在这一起虚构的正当防卫事件中的死者也因此被命名为窃蛋龙。但后来的研究表明，这一窝恐龙蛋是窃蛋龙自己的，当时它正在孵蛋，它可能是在捍卫自己幼崽和蛋的时候被未知的敌人打死的。如此伟大的一位母亲，却在身后遭受了巨大的不白之冤，还无从辩驳，并势必要背负这个侮辱性的名字直到世界末日。

后来，真正的原角龙蛋巢也被发现，里面还有15个原角龙幼体，说明原角龙是需要抚育后代直至它们能够独立谋生的。化石证据也显示原角龙属于群居动物。

51 掘奔龙

俗话说，老天爷饿不死瞎家雀。又说，上天有好生之德。天地间的任何一种生物都有自己的生存之道，并非只有那些所谓的强者才有资格生存。

荒野中有野狼也有野兔；草原上有狮群也有瞪羚；森林里有老虎也有麋鹿。无论是荒野、草原还是森林，时时刻刻都存在着弱肉强食的血腥杀戮，但被杀戮一方的种群往往更加繁盛。面对强大的敌人，它们拥有出人意料的逃生手段，并非完全坐以待毙。

在恐龙世界也是一样。面对来自肉食恐龙的威胁，植食恐龙或者靠庞大的体形，或者靠速度，或者靠种群优势，

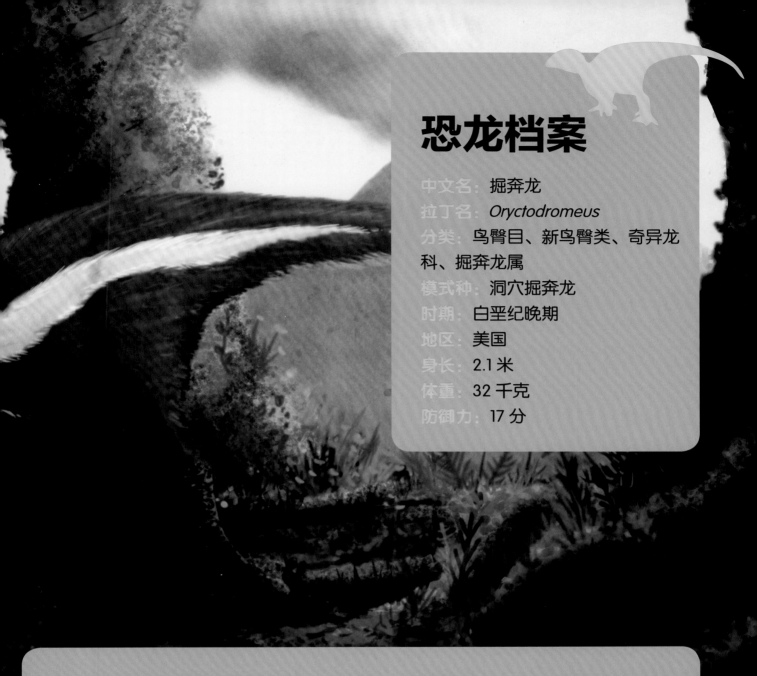

恐龙档案

中文名： 掘奔龙
拉丁名： *Oryctodromeus*
分类： 鸟臀目、新鸟臀类、奇异龙科、掘奔龙属
模式种： 洞穴掘奔龙
时期： 白垩纪晚期
地区： 美国
身长： 2.1 米
体重： 32 千克
防御力： 17 分

或者靠尖角尾刺和装甲来进行防御。而掘奔龙这种小型恐龙靠的则是打洞。

掘奔龙跟狗差不多大小，是一种二足恐龙，行动敏捷，可以快速奔跑。它的前肢具备挖掘能力，可以打洞。它的打洞水平估计跟兔子的差不多。所谓狡兔三窟，掘奔龙有可能在栖息地附近挖若干洞穴，一有危险就会快速钻到洞中躲避。

掘奔龙是目前唯一有穴居生活证据的恐龙。三具掘奔龙化石标本是在地下洞穴中被发现的，它们是在洞穴中集体死亡。洞穴长 2 米，宽 70 厘米，洞穴长度跟成年掘奔龙体长相当。三具化石中一具为成年个体，两具为未成年个体，未成年个体已经有成年个体的一半大，这说明掘奔龙宝宝出生以后会跟随妈妈或爸爸生活很长一段时间。

在此之前，奔山龙、西风龙、德林克龙等小型恐龙也曾被认为是穴居恐龙，但都没有证据支持。

52 棱齿龙

棱齿龙个子很小，头跟成年人的拳头差不多大小，最初被认为是未成年的禽龙。直到威廉·福克斯牧师把他发现的大量棱齿龙化石提供给英国著名生物学家赫胥黎之后，赫胥黎才确认这是一个新的物种，命名为福氏棱齿龙。

随后有古生物学家提出，棱齿龙就像树袋鼠，遇到危险的时候可以爬到树上去躲避。

说起来还是因为棱齿龙个子小，在当时的人们看来，这么小的恐龙在那些恐怖的巨兽面前，除了上树，简直想不出还有什么别的逃生办法。它的肋部虽然有软骨构成的骨板，但这种骨板面对肉食恐龙的利爪能起到的作用，大概相当于我们举着一个烧饼去挡宝剑。

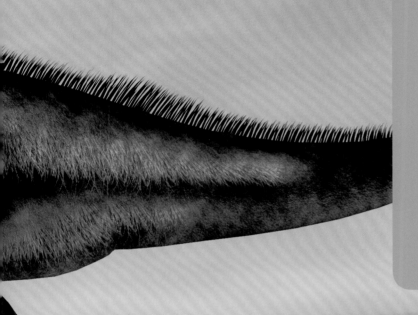

这种观点几乎持续了整整一个世纪。棱齿龙几乎成了一种生活在树上的恐龙，因为树上就有食物，没有下地的必要，而地面总是危机重重。

1974年，美国古生物学家彼得·加尔顿更为准确地重建了棱齿龙的肌肉和骨骼结构，指出棱齿龙是完全生存在地面上的，不会爬树。这个观点获得了广泛的认可。

但这种小个子的恐龙，在随便一种肉食恐龙都能对它发出致命威胁的世界是如何生存下来的呢？

在英国著名的旅游兼化石圣地怀特岛发现的一群棱齿龙化石，说明它们是以群体方式生活的。而它们是二足恐龙，体形特别适合奔跑。面对威胁，它们会以令人眼花缭乱的群体快速奔跑来逃命，就像非洲大草原上的瞪羚或者斑马一样。

当然，不可避免地，它们中的不幸者会沦为猎食者的盘中餐，一如非洲大草原上每天都会发生的弱肉强食的悲剧。但它们的速度优势、繁殖能力依然可以确保种群的延续。

恐龙档案

中文名：鹦鹉嘴龙
拉丁名：Psittacosaurus
分类：鸟臀目、角龙亚目、鹦鹉嘴龙科、鹦鹉嘴龙属
模式种：蒙古鹦鹉嘴龙
时期：白垩纪早期
地区：中国、蒙古国、俄罗斯
身长：2米
体重：20千克
防御力：14分

53 鹦鹉嘴龙

鹦鹉嘴龙是人类最了解的恐龙之一，目前已经发现了400多个包含各年龄层次的标本。它因为长着鹦鹉一样的嘴巴而得名，是一种典型的二足恐龙，但刚孵化出来的幼体却用四足走路，直到三四岁才改用后肢行走。它的尾巴有骨化肌腱，可以像袋鼠的尾巴那样对身体起平衡作用。

科学家曾经对鹦鹉嘴龙化石进行过检测，发现3岁左右的鹦鹉嘴龙体重不足1千克，最大的一个标本大约9岁，体重为20千克。而据推测，鹦鹉嘴龙的寿命大约为10年。

作为一个如此弱小的植食恐龙，鹦鹉嘴龙面临的威胁不仅来自肉食恐龙，也来自当时动物界的"小配角"哺乳动物。人们曾在一个爬兽和一个三尖齿兽的体内都发现了数个未成年鹦鹉嘴龙的完整遗骸，显然它们是将这些小鹦鹉嘴龙活生生吞下去的。

为了在这险恶的世间生存下去，鹦鹉嘴龙不得不演化出很多种本领。

它们被认为是无定时活跃性的动物，无论黑夜还是白天，绝大部分时间都保持活跃，这可以让它们时刻保持警惕。而且它们拥有很好的视力，甚至拥有夜视能力，可以及时发现敌人踪迹。

某些鹦鹉嘴龙化石上还保留着黑色素体，这说明它们拥有保护色，可以与周围环境融为一体，从而迷惑敌人。

它们的后肢有长长的脚趾和利爪，可以用来挖洞，遇到危险可以到洞中躲避。

它们还有强大的繁殖能力。在我国辽宁省曾经发现过一个标本，一只成年鹦鹉嘴龙下方有34只幼体残骸。很可能当时它们正在洞穴之中躲避天敌，或者成年鹦鹉嘴龙刚刚采食归来，喂养幼崽，然后遇上地震，洞穴坍塌被掩埋集体死亡。有人推测鹦鹉嘴龙可能采用集体抚养的方式养育后代，但也不能排除它们自身就有强大的繁殖能力，才能弥补幼体因为各种各样原因造成的大量损失。

活着从来都不是一件容易的事情，对于凶残的霸王龙如此，对于巨大的阿根廷龙如此，对于弱不禁风的鹦鹉嘴龙来说更是如此。鹦鹉嘴龙虽然弱小，但它们更努力地活着，作为种群，它们做得很成功。

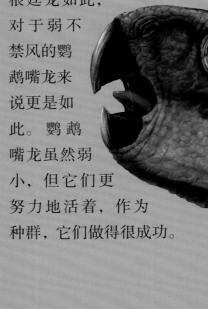

恐龙档案

中文名：槽齿龙
拉丁名：*Thecodontosaurus*
分类：蜥臀目、蜥脚形亚目、悍龙类、槽齿龙属
模式种：古槽齿龙
时期：三叠纪晚期
地区：欧洲
身长：1.2 米
体重：11 千克
防御力：10 分

54 槽齿龙

槽齿龙腿长手短，是一种二足恐龙，体形非常小，跟一条狗差不多大。它是一种原始的蜥脚形亚目恐龙，很难想象后来蜥脚形亚目的恐龙能演化出数十吨重的巨大体形。

它最早的标本在伦敦大轰炸中被德国空军炸毁。幸亏在别的地方又发现了新的化石标本。

槽齿龙是第四种被命名的恐龙。但理查德·欧文在建立恐龙总目的时候，却只纳入了三个属：巨齿龙、禽龙、林龙，并不包括槽齿龙。在欧文看来，槽齿龙这种"小爬虫"怎么可能跟体形庞大的恐龙有关系呢？

理查德·欧文是"恐龙"一词的创造者，恐龙就是"恐怖的蜥蜴"之意，这样看来，槽齿龙跟恐怖确实没什么关系。它在面对体形巨大的恐龙时，跟恐惧的关系显然更加密切。

欧文信奉创造论，是达尔文进化论的最强烈反对者，他对达尔文的学说进行了长达 30 年的批判。

而英国生物学家赫胥黎则是达尔文进化论最坚决的捍卫者，他是最早提出鸟类起源于恐龙的人。他有一句名言："试着去学一切的一点皮毛，和某些皮毛的一切。"

针对欧文的创造论，他提出人类和猿类具有共同的祖先。按照进化论的观点，槽齿龙和体形庞大的禽龙显然也具有共同的祖先。

1870 年，在对恐龙进行重新分类的时候，赫胥黎将槽齿龙纳入了恐龙。从此，各种体形袖珍、种类繁多的小型恐龙开始登堂入室，成为恐龙大家族的重要成员。

人类会像恐龙一样消亡吗

地球一共经历过五次生物大灭绝。

第一次，奥陶纪末期，全球气候变冷，导致 85% 的物种消亡。

第二次，泥盆纪晚期，全球气候变冷，海洋生物遭受毁灭性打击。

第三次，二叠纪末期，全球气候变暖，地球上 96% 的物种消失。

第四次，三叠纪晚期，发生原因不明，爬行动物遭到重创。

第五次，白垩纪晚期，小行星撞地球，75% 的物种消失。

最著名的是第五次生物大灭绝，因为我们熟悉的恐龙在这一次永远地消失了，将地球让给了在它们看来小小的人类。

恐龙统治地球 1.6 亿年，不知道经历了多少世代的更替，从尚不为人知的什么原始恐龙，到始盗龙，到埃雷拉龙，到板龙，到异特龙，到南方巨兽龙，到阿根廷龙，到马普龙，到霸王龙、埃德蒙顿龙和伤齿龙。

任何一个恐龙个体，哪怕是体形巨大如阿根廷龙、凶残无比如霸王龙，对于地球、对于时间都渺小无比，如恒河之沙粒，如空中之尘埃。

恐龙必定不会是一夜之间灭绝的。也许是数年，也许是数十年，也许是数百年，也许是数千年。在以亿万年为单位的地球岁月里，这短短一瞬不值一提。

数年的时间，却足够一个小婴儿从咿呀学语到略识文字。

数十年时间，已经是很多人的整整一生。

数百年时间，人类社会多半已改朝换代。

数千年时间，至今人类文明的全部历史也就这么长。

我们有幸生而为人，有幸降生在人类有史以来最美好的年代，可以了解过往的沧桑，可以领略现世的辉煌，也可以预知未来的方向。

我们的地球，从蛮荒到有生命诞生，到生机勃勃，到几经磨难，然后劫后重生。虽然地球年纪已经很大了，但人类似乎正处在一个鼎盛时期。

所谓盛极而衰，人类可以例外吗？

人类也会像恐龙一样，在某一个时间走向消亡吗？

或者，走到一个相反的方向，更加繁衍壮大，成为更多星球的主宰？

没有人能给出答案。

但对于目前的人类、当下的地球，科学家已经发出警告：危机正在降临。

第六次生物大灭绝正在发生。

据《自然》杂志推测，目前地球上物种灭绝的速度比自然灭绝速度快了1000倍，平均每小时就有一个物种灭绝。世界自然保护联盟（IUCN）发布的《全球物种状况红皮书》中，表明了目前有15589个物种正处在灭绝边缘。50年后，现有的100多万种陆地生物将从地球上消失。

如果这次大灭绝真的发生，预计地球上75%的生命将彻底消亡。

以往五次生物大灭绝都是由于自然因素，无力抗拒。而目前正在发生的这一次，却主要是由于人类活动引起：对大自然的过度开发，以及环境污染。

如果人类不能停止对大自然的过度开发，不能消除环境污染的影响，不能保护生物的多样性，人类必将步恐龙的后尘，走向消亡。

所不同的是，恐龙灭于天灾，而人类则可能毁于人祸。

该说两句正确的废话了。

人类和以往灭绝的生物最大的区别是：人类拥有思想，人类有足够解决问题的头脑。比如人类正在探寻地外的宜居空间。但要避免眼下这一次正在发生的生物大灭绝，靠逃避不行，保护好地球环境，这样人类文明才能够长久。

其实对于环境，最好的保护就是不破坏，因为大自然本身就具备强大的自我调节能力和修复功能。

所以，我们可以做的，就是四个大字：不搞破坏。最好前面再加两个字：永远。

尤其是当你长大，具备了更大的力量足以改变环境的时候，希望到时你能审视自己所做的一切是否对地球造成了破坏，如果是，请记得我们今时今日的约定，对地球手下留情。

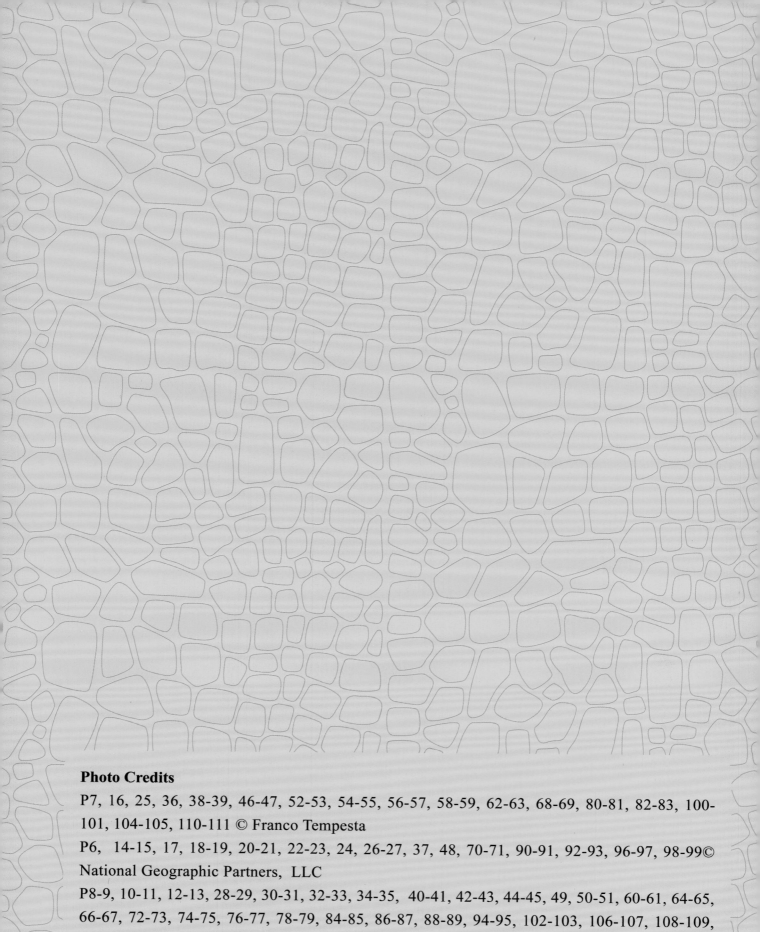